光与无线网络技术

杨 辉 著

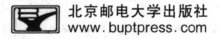
北京邮电大学出版社
www.buptpress.com

内 容 简 介

本书针对当前光与无线网络的控制低效问题,从组网架构、资源管控和安全保护等多个维度提出了解决方案。首先,本书介绍了光与无线网络发展的现状与趋势,并探讨了光与无线网络关键技术。其次,本书简单地介绍了光与无线网络的关键器件并概述了光与无线网络系统。再次,本书针对光与无线网络的组网架构问题,介绍了如何借助 SDN 技术实现低时延组网以及多层云光与无线网络控制;针对灵活性问题,介绍了光与无线网络多维资源管控机理,以使网络发挥其全部应用价值;针对时间同步问题,利用增强学习方法,保障系统高精度准确运行;针对生存性问题,介绍光与无线网络生存性的关键技术及如何实现跨域/跨层等保护;针对安全性问题,引入窃听概率和最大可容忍信息泄露率,介绍了基于窃听感知的安全路由和频谱分配算法。最后,本书针对系统资源优化问题,介绍了多种面向资源分配的系统设计方案。

本书可作为高等院校通信/电子/信息科学专业师生的参考书,也适合打算进入光与无线网络领域的非相关专业读者,以及正在从事光与无线网络理论研究和实际系统设计的通信行业研发人员阅读。

图书在版编目(CIP)数据

光与无线网络技术 / 杨辉著. -- 北京:北京邮电大学出版社,2020.8
ISBN 978-7-5635-6142-1

Ⅰ.①光… Ⅱ.①杨… Ⅲ.①光接入网 Ⅳ.①TN915.63

中国版本图书馆 CIP 数据核字(2020)第 135169 号

策划编辑:马晓仟　　**责任编辑:**孙宏颖　　**封面设计:**七星博纳

出版发行:北京邮电大学出版社
社　　址:北京市海淀区西土城路 10 号
邮政编码:100876
发 行 部:电话:010-62282185　传真:010-62283578
E-mail:publish@bupt.edu.cn
经　　销:各地新华书店
印　　刷:保定市中画美凯印刷有限公司
开　　本:720 mm×1 000 mm　1/16
印　　张:13.25
字　　数:264 千字
版　　次:2020 年 8 月第 1 版
印　　次:2020 年 8 月第 1 次印刷

ISBN 978-7-5635-6142-1　　　　　　　　　　　　　　　　**定价:**39.00 元

· 如有印装质量问题,请与北京邮电大学出版社发行部联系 ·

前　　言

光与无线网络呈现出功能融合和控制协作的发展趋势,集成网络控制将成为光与无线网络的重要指标。因此,研究多制式光与无线网络多维控制理论与优化技术成为光与无线网络未来发展的重要方向。但实现系统控制面临着多方面的挑战:如何实现光与无线网络组网架构,提升网络的适配性与交换的灵活性;如何实现多维资源优化,提升网络性能;如何突破网络生存性的限制,提升网络抗毁能力。这些挑战将成为攻克多制式光与无线网络多维控制低效这一科学难题的症结。

围绕上述科学难题,本书前3章系统地阐述了光与无线网络发展的现状与趋势、关键技术问题、国内外研究进展,光与无线网络关键器件,光与无线网络系统等。

第4章针对光与无线网络组网难的问题,利用灵活的转发器和弹性光交换机来连接 RRH 和 BBU,在全局范围内有效优化射频、光谱和 BBU 处理资源,最大限度地提高了无线覆盖范围,并通过垂直整合和水平融合模型满足端到端业务的 QoS 要求。

第5章针对光与无线网络多维资源分配的灵活性问题,自主创新设计可重构波长频谱选择交换器,依托 SDN 技术的支撑,构建光与无线网络架构及控制机制,提出了面向多维资源灵活管控的路由波长频谱分配算法。

第6章针对光与无线网络同步精度较低的问题,分析了光与无线网络时间同步模型,构建了面向时间同步的光与无线网络架构,提出了基于软件定义控制器的光与无线网络架构时间同步方案,设计了基于增强学习的高精度时间同步方法实现机制。

第7章针对光与无线网络的生存性问题,研究了面向光与无线网络的跨域与跨层资源保护策略,并提出了光与无线网络架构,通过采用自主创新的带宽压缩保护算法,保证了光与无线网络的生存性,降低了网络的阻塞概率,提高了资源利用率。

第8章针对光与无线网络安全性低的问题,分析了光与无线网络中窃听攻击的特征,利用概率理论构建窃听概率分布模型,以此实现对窃听攻击的感知,通过回避高窃听概率链路来保障保密信息业务的安全性；然后，进一步提出了一种基于多流虚级联的窃听感知安全 RSA 算法，利用多流虚级联的流切片与并行传输特性来降低保密信息被完全窃听的概率，有效地提高了网络安全性，提升了网络的资源利用效率。

第 9 章针对光与无线网络资源分配不均衡的问题，聚焦于系统资源优化方案，设计了光与无线网络跨层优化算法，提出了面向虚拟异构光与无线网络的时频资源联合优化方法。面向移动核心网，设计了动态流量感知的光层资源分配方案，提出了面向节能的光与无线网络动态带宽优化机制、光与无线网络多层资源优化方案，以及面向光与无线网络业务的多维资源聚合实验演示方案等，来提升资源分配的有效性和网络的可靠性。

本书凝聚了作者多年来的科研和实践经验，得到了国家"863"计划《新型超大容量全光交换网络架构及关键技术研究》、国家"973"计划《Pbits 级可控管光网络基础研究》等科研项目的支持，同时本书也包含白巍、于奥、姚秋彦、何林宽、赵旭东、王博慧、南静文、梁永燊等人在攻读学位期间的部分研究成果，在此作者一并表示感谢。

由于作者水平有限，本书中难免有错误或者不周之处，敬请广大读者批评指正。

作　者

2020 年 7 月 6 日于北京

目　　录

第1章 绪　论

1.1　光与无线网络发展的现状与趋势

随着科技的发展和进步,建设信息化社会就成了现代社会的发展趋势。网络信息通信对人们的日常生活有着极为重要的影响,计算机的应用和普及使网络与生活变得密不可分[1]。随着网络信息技术的不断更新和完善,对于传输设备的要求就有所提高。光纤接入网技术是通信网络发展的重要因素,影响着整个互联网通信的发展。

1.1.1　光纤接入网发展现状与泛在光接入网概述

光纤接入网指的是以光纤作为传输介质,通过接入网络进行数据信息传输的网络。光纤接入网与业务节点之间通过光线路终端进行连接,与用户之间通过光纤网络单元进行连接。光纤接入网主要包括光线路终端、局端设备、光网络单元、远端设备等部分,它们利用相应的传输设备进行连接。在接入网当中,系列传送实体能够将信令协议在用户网络接口、业务节点接口之间进行相应的转换。同时,利用接入设备的组网能力,能够对多种不同的网络拓扑进行构成。由于接入设备具备远程集中监控、本地维护等功能,可以更好地维护光纤接入网的安全。

光纤接入网主要包括总线形结构、环形结构、星形结构等多种网络拓扑结构。其中,总线形结构的母线为光纤,在用户终端与总线之间,利用耦合器进行连接,这种网络拓扑结构具有干扰小、节点增减容易、线路成本低、主干光纤共享等优点。环形结构用一条光纤链路支持所有节点,链路首尾相连成闭环结构,这种类型的网络拓扑结构具有良好的网络自愈性,对于小故障,能够在短时间内自行恢复。星形结构是在一个中央节点星形耦合器中进行用户终端的信息交换的网络拓扑结构,这种网络拓扑结构具有升级扩容便利、业务适应性良好等优点。

传统的网络依靠馈线电缆进行传输,在当前网络高速发展以及人们对于网络需求提高的形势下,馈线电缆的缺点逐渐显现出来。馈线电缆的传输频带较窄,经过长期使用后容易发生老化和磨损,维修和保养难度较大,信息传输速度较慢,难以满足当前互联网通信的实际需要。在这种情况下,光纤接入网的出现极大地改善了网络传输技术。光纤接入网是应用光纤进行网络传输的通信系统,不需要繁多的线路和复杂的程序进行传输,只需要一两条光纤线路,就能将信息直接传输给用户,简单便捷。光纤接入网能够满足用户对于网络的要求。光纤与传统馈线铜质电缆相比,频带更宽,信息传输速度更快;不易发生损耗,便于修复和维护;网络信号更好,信息传输速度更快,抗电磁干扰能力更强。另外,光纤接入网的传输可以根据通信网络的发展进行改进,提高其性能,以适应当前网络发展的要求,只是当前光纤的造价较高,没能进行广泛的应用,这在一定程度上阻碍了网络的普及与推广。

目前,国内市场接入网产品层次还处于网元管理层,即维护单一的接入网产品设备。由于接入网的份额仅占本地网的一小部分,所以高层网管仍然采用交换机原有的网管系统,接入网网管成为交换机本地网管的一部分。在这种状态下,如何将接入网网管纳入本地网是一个急需解决的问题。

从接入网的发展来看,接入网产品引入了多生产厂家的竞争机制,以及国家对接入网产品的积极扶持态度,使接入网的前景普遍被看好,随着接入网本身的技术不断完善,特点越来越突出,优势也日益深入人心,接入网在未来几年将仍然是市场的主流产品,规模会进一步扩大。当接入网规模扩大到一定程度时,现有接入网的网管模式将会被打破,与本地网网管并列的接入网网管将逐步兴起,接入网网管与交换机本地网管的关系会进一步理顺。因此,接入网网管的管理目标主要是对综合业务进行管理。从网络管理角度看,接入网是最复杂的和最难管理的网络系统之一,它还存在许多问题。

(1) 如何综合管理接入网中的各种技术

接入网是迄今为止各种技术综合最多的一种网络。例如,仅就其中的传送技术来说,就综合了 xDSL、SDH、PON、ATM、DLC、HFC 和各种无线接入传送技术等。就目前的技术水平,对采用一种传送技术的网络(如 SDH)进行综合管理,存在一定技术难度,对接入网这样一个多层次、多范围的网络进行综合管理,困难程度非常大。

(2) 如何处理接入网中用户的敏感性

接入网是用户敏感性最强的网络。接入网直接面向用户,因此用户感觉到的业务质量方面的问题,都是通过接入网感觉到的。其他网络发生问题,用户不一定能直接感觉到,但一旦接入网发生问题,用户肯定会感觉到,甚至其他业务网的问题有时也会通过故障传播使接入网用户感觉到。由于网管系统的作用之一是为保证业务质量提供支持,所以对用户敏感性强的接入网进行网络管理比对一般网络进行网络管理要困难得多。

（3）如何处理与其他网管的关系

接入网是与其他业务网关系最密切的网络。接入网是本地电信网的一部分，与本地网的其他部分的关系非常密切。一般的业务网网管可以先独立建设，以后再考虑与其他网管的综合问题。但接入网网管系统的建设必须从一开始就考虑与本地电信网中其他部分网管系统的综合问题，不解决与其他网管的综合问题，接入网网管就不能开始运行。

（4）如何适应接入网的快速发展

接入网是变化最快的网络之一。由于接入网本身还在不断发展，一些可用于接入网的新技术还将不断出现，而且很难预料将会出现什么样的新技术。因此，对接入网的认识、使用和建设方法都存在一个变化过程。建设这样一个还在不断发生变化的网络的管理系统，并保证该网管系统的可持续建设，对网管系统规范的要求很高。

（5）如何体现接入网网管的高适应性

接入网是一个适应性要求最高的网络之一，对各方面适应性的要求比其他网络都要高，比如容量范围、接入带宽范围、地理覆盖范围、接入业务种类、电源和环境的要求等，这些在其他业务网中不存在的问题，在接入网中都成了问题。这些问题不仅对接入网的适应性提出了很高的要求，也对接入网的网管规范提出了很高的要求。以上这些问题都需要在接入网网管未来的发展中加以解决。

1.1.2　光与无线网络的发展需求

随着商业和家庭对于网络应用需求的增加，网络中的流量爆发式地增长。新的应用趋势（比如高清电视、视频点播、网络电话和高速互联网）的出现，对于目前的网络提出了很大的挑战。未来的接入网主要面临的问题是集中的数据传输和服务质量保障。在未来的几年中，同轴电缆将会全面被光纤取代。基于光纤的接入网正在一步一步地走向最终用户，包括光纤到楼、光纤到户等。用户对于网络通信服务的需求将会是高可靠性和数据的快速访问。

随着用户对带宽需求的日益增加，传统的接入方式已经无法满足用户的需求。光无线混合宽带接入网络结合了光接入和无线接入各自的优势，能够经济有效地为用户提供满足其 QoS(Quality of Service)要求的宽带接入服务[2]。目前针对光与无线网络的研究还处于起步阶段，仍有不少问题有待进一步研究，简短归纳如下。

① 基于多约束条件的网络部署问题：光与无线网络和单纯的光网络或无线网络都有所不同，其网络部署问题应考虑更多的约束条件，例如 ONU（光网络单元）/

网关节点的安装环境、用户的不同要求、链路容量限制、信号质量和干扰等都是值得考虑的问题。另外，还应该考虑两个网络因采用不同技术所导致的一些问题，例如采用动态带宽分配(DBA)策略对无线网络路由性能的影响。

② 节能问题：在不影响节点间正常数据传输以及不降低网络吞吐量的前提下，通过在 MAC 层进行能量控制以减少能量消耗，将成为混合网络 MAC 协议研究中一个重要的方面。

③ 多信道接入问题：通过将控制信道和传输数据信道分开，改进控制报文的交互序列和体制，来解决前端无线网络暴露终端和隐藏终端的问题。若后端 PON 采用波分复用技术扩容，会导致 ONU 支持的波长信道数不尽相同，这也将影响到前端的信道接入。

④ 公平性问题：目前无线网络协议无法保证每个用户节点都平等分享系统资源，离 ONU/网关节点近的用户通信质量好、速度快，而离 ONU/网关节点远的用户受到极不公平的待遇。因此需要针对混合网络的特点设计出能够保证系统资源公平使用的协议。

⑤ 安全性问题：混合网络后端下行方向采用广播方式，ONU 可能"偷听"到发给其他 ONU 的信息。此外，无线前端更容易遭到窃听，攻击入侵者不需要与网络有物理连接，只需要使相关设备处于信息覆盖区域之内，就可"偷听"，因此，有待探讨适合混合网络的安全机制。

⑥ QoS 保证：随着用户大规模接入网络，各种宽带业务快速增多，网络上承载的业务量也越来越大，当用户对网络资源的需求超过网络实际的供给能力时，网络服务质量将不能得到有效保证。

⑦ 生存性问题：网络技术的不断发展使得更多业务集中到更少的网络设备上，一旦其发生故障，会影响更多用户的通信。随着网络规模的增大，各个 ONU 之间的距离也会增大。当与用户邻近的 ONU 损毁时，用户尝试和其他 ONU 建立通信。在网络覆盖范围太大的情况下，用户很可能找不到到达其他可用 ONU 的路径，此时如何保证 OLT(光线路终端)能与这些用户正常通信也是一个关键的问题。

1.1.3　光与无线网络的发展趋势

目前的光纤接入系统主要使用无源光网络技术。商业无源光网络解决方案基于时分多址，比如吉比特无源光网络和以太网无源光网络[3]。在 2011 年设备的集中采购中，中国三大电信运营商中国移动、中国电信和中国联通的集采规模分别为 800 万线、1 600 万线和 2 500 万线，其中中国联通的集采为历年规模之最，规模达到亿元人民币。同时,几大运营商也已经开始对下一代技术进行规划布局,将投入商用技术的测试也正在进行中。除此之外,对于下一代光纤接入技术的研究(包括波分复用、正交频分复用、超密集波分复用、光码分复用等)也在广泛开展。最近提出的解决方案希望能够简化可扩展接入网的研发和部署,并且使这种接入网能够支持正在使用的服务以及下一代多媒体内容更加丰富的网络应用。对于每一个用户来说,使用这些服务所产生的网络需求会达到每秒几吉比特。对于带宽需求的增加可以通过光纤接入得到解决,但是未来的接入网还要提供给用户灵活性和移动性,这需要通过无线网络获得。

IEEE 802.16 标准规定的 WiMAX 网络可以工作在固定或者移动的情况下,使用点到多点或者网状拓扑。最新的 802.16m 标准可以通过高级的空中接口提供 100 Mbit/s 的移动传输速率和 1 Gbit/s 的固定传输速率,目的是在第四代移动通信系统上满足 ITU-R 的 IMT-Advanced 要求[4]。

网络融合是未来网络的一个发展趋势。固网和无线网的融合,特别是光与无线的融合可以实现集中且高效的移动服务,从而提供现有网络不能实现的网络性能。

1.2 光与无线网络关键技术问题

1.2.1 时敏性

对于实时通信而言,端到端的传输延迟具有难以协商的时间界限,因此网络中的所有设备都需要具有共同的时间参考,需要彼此同步时钟。这不仅适用于诸如工业控制器和制造机器人之类的通信流的终端设备,对于网络组件也是如此,例如以太网交换机。只有通过同步时钟,所有网络设备才能够一致操作,并在所需的时间点执行所需的操作。

1.2.2 生存性

网络生存性是指在网络发生故障后能尽快利用网络中空闲资源为受影响的业务重新选路,使业务继续进行,以减少因故障而造成的社会影响和经济上的损失,使网络维护一个可以接受的业务水平的能力,以及网络发生故障时,仍可继续提供服务的能力。

1.2.3　安全性

网络安全是指网络系统的硬件、软件及系统中的数据受到保护，不因偶然的或者恶意的原因而遭受到破坏、更改、泄露，系统连续可靠正常地运行，网络服务不中断。

网络安全性的主要特性包括保密性、完整性、可用性、可控性、可审查性。保密性是指信息不泄露给非授权用户、实体或过程，或供其利用的特性。完整性是数据未经授权不能进行改变的特性，即信息在存储或传输过程中保持不被修改、不被破坏和丢失的特性。可用性是可被授权实体访问并按需求使用的特性，即当需要时能否存取所需的信息。例如，网络环境下拒绝服务、破坏网络和有关系统的正常运行等都属于对可用性的攻击。可控性是对信息的传播及内容具有控制能力的特性。可审查性是指出现安全问题时提供依据与手段的特性。

从网络运行和管理者的角度说，希望对本地网络信息的访问、读写等操作受到保护和控制，避免出现"陷门"、病毒、非法存取、拒绝服务和网络资源非法占用与非法控制等威胁，制止和防御网络黑客的攻击。对安全保密部门来说，他们希望对非法的、有害的或涉及国家机密的信息进行过滤和防堵，避免机要信息泄露，对社会产生危害，对国家造成巨大损失。

随着计算机技术的迅速发展，在计算机上处理的业务也由基于单机的数学运算、文件处理，基于简单连接的内部网络的内部业务处理、办公自动化等，发展到基于复杂的内部网（Intranet）、企业外部网（Extranet）、全球互联网（Internet）的企业级计算机处理系统和世界范围内的信息共享和业务处理。

在系统处理能力提高的同时，系统的连接能力也在不断提高。但在连接能力、信息流通能力提高的同时，基于网络连接的安全问题也日益突出，整体的网络安全主要表现在以下几个方面：网络物理安全、网络拓扑结构安全、网络系统安全、应用系统安全和网络管理安全等。

1.2.4　灵活性

如果网络没有跟上时代的步伐，应用程序的灵活性则毫无意义。与时俱进意味着消除复杂性、简化操作，并拥抱自动化来提供动态和响应的基础设施。目前数据中心的环境在不断变化，更加注重资源管理。基础设施的灵活性必须匹配业务的灵活性，这就需要底层基础设施可以响应其负责的应用程序。

网络灵活性意味着基于新的业务需求改变网络的能力，而没有大量复杂的、手动的、容易出错的、劳动密集型的工作。在为完全自动化的灵活网络制订长期计划时,开始应该为现有网络制订发展战略,并在完全自动化的网络中构建新的应用程序。当需要更换物理网络时,寻找可提供完全1层网络重配置性的网络。

1.3 国内外研究进展

1.3.1 国外相关研究

墨尔本大学的《下一代光与无线融合网络架构》对下一代光与无线网络集成架构进行了全面的分析;探索了实现完整的固定-移动融合网络的不同方法,以确保为各种应用提供所需的服务;研究了10GEPON-LTE融合网络所应对的主要挑战。本章参考文献[9]提出了3种可行的10GEPON-LTE融合架构,这些架构是基于树形拓扑的PON实现的。

实现光与无线网络的一个重要挑战就是如何构建可以有效支持高带宽和QoS密集型应用的简单且经济高效的架构。此外,开发符合LTE中基于MPCP的PON DBA和分布式资源分配机制的融合架构的资源分配协议也是一个重要的考虑因素。在LTE之前的早期无线接入网络技术中,没有用于相邻基站之间的直接通信的机制。LTE通过引入X2接口来促进这一点,X2接口提供了一种有效的通信控制平面信令和用户平面流量的方法,尤其是在相邻小区之间发生切换的情况下。有研究表明,通过X2接口的流量最多可达到面向核心流量的10%,并且此流量的延迟应小于30 ms,以维持所需的QoS。此外,X2接口被认为是未来LTE版本(LTE Advanced)中最重要的要求之一,其中目标延迟小于10 ms以及下行链路数据速率可达1 Gbit/s。因此,正确实现可以保证所需QoS的X2接口是构建完全融合的NG光无线网络的关键。

雅典科学家Alexander Vavoulas等提出光与无线网络也可用于水下通信。在水下通信中,主要面临的问题是水中光传输的高吸收和散射导致的显著衰减程度将可实现的光学链路范围限制在几米。实现远距离传输的一种方式是采用密集网络配置,其中信息可以通过一系列充当中继的中间节点来传输。考虑光学无线网络的布置,其中节点在不同深度漂浮到服务水生介质中。此研究部署了一个有效的路径损耗模型,该模型包含降低光功率的关键因素。远距离的宽带水下光传输可以使用密集网络部署来实现,其中信息可以通过作为中继的一系列中间节点来传输。

当然,除了水下通信,光与无线网络还可以用于许多其他领域,例如,用于提高室内和交通应用的QoS,用于军事通信以及资源分配等问题。

1.3.2　国际标准的进化

随着时代的进步,通信行业也在稳步发展,从 1G 到 5G,通信国际标准也在向着大容量、高传输速率的方向进化。

第一代移动通信技术使用了多重蜂窝基站,允许用户在通话期间自由移动并在相邻基站之间无缝传输通话。由于 1G 模拟通信的通话质量和保密性差,信号不稳定,所以人们开始着手研发新型移动通信技术。20 世纪 80 年代后期,随着大规模集成电路、微处理器与数字信号的应用更加成熟,移动运营商逐渐转向了数字通信技术,移动通信进入 2G 时代。

第二代移动通信技术区别于第一代,使用了数字传输取代模拟,并提高了电话寻找网络的效率。2G 时代手机用户数量急速增长,预付费电话流行。基站的大量设立缩短了基站的间距,并使单个基站需要承担的覆盖面积缩小,这有助于提供更高质量的信号覆盖。因此接收机不用像以前那样设计成大功率的,体积小巧的手机成为主流。这一时期短信功能首先在 GSM 平台应用,后来扩展到所有手机制式。铃声等付费内容成为新的利润增长点。〔GSM(全球移动通信系统)是全世界最流行的移动通信标准制式。由于内部兼容,国际漫游变得更容易。全球 2G 网络中 80% 为 GSM 制式,覆盖 212 个国家/地区的 30 亿人口。〕

第三代移动通信技术的最大特点是在数据传输中使用分组交换(Packet Switching)取代了电路交换(Circuit Switching)。几年前,用于在计算机上访问移动互联网的 USB 加密狗问世。电路交换使手机与手机之间进行语音等数据传输;分组交换则将语音等转换为数字格式,通过互联网进行包括语音、视频和其他多媒体内容在内的数据包传输。

随着智能手机的发展,移动流量需求上升,W-CDMA 随后演进出 3.5G 的 HSDPA、3.75G 的 HSUPA ,但其中的 CDMA 技术框架没有改变。高通 CDMA 后续演进出的 1x EV-DO 于 2001 年被接受为 3G 技术标准之一。为了让各家厂商能根据同一个标准生产兼容的设备,让通信器材能有互通性,1999 年,IEEE 分别推出了 802.11b 与 802.11a 两种 Wi-Fi 标准,分别使用 2.4 GHz 和 5 GHz 频段,彼此标准不相容。2003 年,IEEE 引入正交频分复用(OFDM)技术,推出 802.11b 的改进版 802.11g 使传输速度从原先的 11 Mbit/s 提升至 54 Mbit/s。现在我们使用的 Wi-Fi 主要为 802.11n, 与 802.11a、802.11b、802.11g 皆兼容,并采用 MIMO 技术,使传输速度及距离都有所提升,速度甚至可达到 600 Mbit/s。OFDM + MIMO 技术解决了多径干扰,提升了频谱效率,大幅地增加了系统吞吐量及传送距离。这两种技术的结合使得 Wi-Fi 取得了极大的成功。

随着版图不断扩大,IT 巨头们开始觊觎蜂窝移动通信市场"大饼"——4G。

Wi-Fi 的标准是 IEEE 802. 11,IT 巨头们进军电信业的标准是 802. 16(称作WiMAX)。2005 年,Intel 和诺基亚、摩托罗拉共同宣布发展 802.16 标准,进行移动终端设备、网络设备的互通性测试。2008 年,3GPP 提出了长期演进(Long Term Evolution, LTE)技术作为 3.9G 技术标准,又在 2011 年提出了长期演进技术升级版 (LTE-Advanced) 作为 4G 技术标准,准备把 W-CDMA 替换掉,转而采用 OFDM。

2G 实现了从 1G 的模拟时代走向数字时代,3G 实现了从 2G 的语音时代走向数据时代,4G 实现了 IP 化,数据速率大幅提升,那么,到 5G 时代,又会带给我们什么样的期待呢?

2018 年 6 月 14 日,国际标准组织 3GPP 在美国举行全体会议,第五代移动通信技术标准方案获得批准并被发布,这标志着首个真正完整的国际 5G 标准正式出炉,5G 已完成了第一阶段全功能标准化工作,进入了产业发展新阶段。虚拟化技术是 5G 的基础,5G 所有的新技术都依托虚拟化实现。

相比 4G,5G 网络架构的创新发展,5G 网络的增强移动宽带(eMBB)、大规模物联网(mMTC)、超高可靠超低时延通信(uRLLC)三大应用方向及应用场景对光与无线网络的技术能力、演进发展和承载诉求提出了新的挑战。巨大的容量和敏捷性需求推动了光与无线网络的"云化"演变。在基于云的光与无线融合网络架构中,光网络东西向连接云 BBU,并与由分布式 RRH 构成的无线网络进行互连,能够实现弹性动态资源调整、快速功能部署,增强对端到端用户需求的响应能力。

1.3.3 国内研究现状

目前的光纤接入系统主要使用无源光网络技术。商业无源光网络解决方案基于时分多址,比如吉比特无源光网络和以太网无源光网络。目前在世界范围内使用的两种主要的技术是无线局域网和全球微波互联接入。最新的标准使用了正交频分复用和多输入多输出技术,可以提供更大的传输速率。下一代超高吞吐量无线局域网的最大传输速率可达 1 Gbit/s。Wi-Fi 是目前中国主要使用的 WLAN 技术。三大运营商对于 WLAN 的建设正在如火如荼地进行。根据 2019 年中国Wi-Fi 行业市场发展趋势进行分析,Wi-Fi 技术在不断升级换代,WLAN 市场呈现持续增长状态,且中国市场 WLAN 增速明显高于全球水平。2018 年,中国WLAN 市场规模为 15 亿美元,同比增长 9.8%。有数据显示,2008—2018 年,中国 WLAN 市场规模占全球的比重稳步提升。同时,三大运营商推出了各种WLAN 免费接入服务,不同运营商的所有用户都可以在中国电信全国 Wi-Fi 热点地区申请免费的高速无线上网服务。

光与无线接入网除了在底层物理技术上的融合,还要考虑网络使用层面的融合。我们可以通过网络虚拟化的方式,在原有的融合网络研究的基础上,实现网络更进一步的融合。网络虚拟化可以在不同的底层网络的基础上通过对网络基础设施的虚拟化,实现统一的网络资源分配和利用[10]。在过去的几年中,网络虚拟化的概念受到了广泛的关注。虽然严格来说它不是一个新的概念,但是网络虚拟化"复兴"主要来自现实化。现实化可以提供一个平台,在这个平台的基础上可以建立新奇的网络结构、实验和评估,而不受技术传承的限制。虚拟化可以通过允许在多个运营商和客户之间交易网络资源来提供一个干净的服务和基础设施,以分离以及推动一种新的商业经营方式。从这个方面来看,通过对底层融合网络的虚拟化,以及对资源的精细化分割利用,可以真正地实现整个网络的融合。

1.4　本章小结

随着互联网业务形式的多样化和业务量的飞速发展,用户对网络的带宽和移动性有了更高的要求,光与无线网络得到了前所未有的发展。本章总结了光与无线网络发展的现状与趋势,探讨了光与无线网络的关键技术问题,并针对这些问题,探讨了国内外相关研究现状与国际标准化的进展。

1.5　本章参考文献

[1]　高龙,刘沈峰.光纤接入网技术的发展现状分析[J].信息通信,2016(10):241-242.

[2]　马姗姗,何荣希.光无线混合宽带接入网的现状和发展[J].光通信技术,2010,34(11):36-39.

[3]　凯夫拉德,元秀华.光无线技术及其应用[J].光学与光电技术,2013,11(2):1-6.

[4]　Chathurika R, Wong E, Lim C, et al. Next generation optical-wireless converged network architectures [J]. IEEE Network, 2012, 26(2):22-27.

[5]　李沫.解析光与无线融合宽带接入网中的智能控制技术[J].电子技术与软件工程,2014(19):39.

[6]　Yang H, Zhang J, Zhao Y, et al. CSO: cross stratum optimization for optical as a service[J]. IEEE Communications Magazine, 2015, 53(8):130-139.

[7]　Yang H, Zhang J, Zhao Y, et al. SUDOI: software defined networking for

ubiquitous data center optical interconnection[J]. IEEE Communications Magazine, 2016, 54(2):86-95.

[8] Yang H, Zhang J, Zhao Y, et al. Performance evaluation of time-aware enhanced software defined networking (TeSDN) for elastic data center optical interconnection[J]. Optics Express, 2014, 22(15):17630.

[9] Yang H, Liang Y, Yao Q Y , et al. Blockchain-based secure distributed control for software defined optical networking[J]. China Communications, 2019(6):42-54.

[10] Yang H, Zhang J, Zhao Y, et al. Multi-flow virtual concatenation triggered by path cascading degree in Flexi-Grid optical networks [J]. Optical Fiber Technology, 2013, 19(6):604-613.

nchronous data a interconnection.] [IEEE Communicatom
Magazine 2010 Julx

第 2 章　光与无线网络关键器件

2.1　光与无线网络关键器件总览

光与无线网络关键器件包括光网络器件和无线网络器件两部分。其中光网络器件主要包括光源、光发射机、光接收机、光纤以及光电探测器。光源的作用是实现电信号到光信号的转换。光发射机的作用是完成信号的输出。光接收机的作用是接收经过传输的光信号,再生成原传输信号。光纤可以在长距离内束缚和传输光。光电探测器是一种受光器件,具有光电变换功能,是一种把光辐射能量转换为便于测量的电能器件。无线网络器件主要包括基站收发台和基站控制器这两种关键器件。其中,基站收发台的功能是负责移动信号的接收、发送处理,基站控制器是基站子系统的控制和管理部分,负责完成无线网络管理、无线资源管理及无线基站的监视管理等。

2.2　光网络器件

2.2.1　光源与光发射机

1. 光源

光源可实现从电信号到光信号的转换,光源器件是光纤通信设备的核心器件。光纤通信中常用的光源器件有半导体激光器(又称激光二极管,LD)和半导体发光二极管(LED)两种。

光源的发光原理是通过正向偏置电流驱动,使半导体 P 区和 N 区的交界处(即 PN 结)产生粒子激励,电子及带电空穴在电流的驱动下往高能级跃迁,然后又从高能级回到低能级,同时释放一个光子,即实现其发光。其中 LED 利用注入有源区的载流子自发辐射复合发光,LD 是受激辐射复合发光[2]。

半导体激光器适用于长距离大容量的光纤通信系统。尤其是单纵模半导体激光器,在高速率、大容量的数字光纤通信系统中得到广泛应用。发光二极管适用于短距离、低码速的光纤通信系统,其制造工艺简单、成本低、可靠性好。

2. 光发射机

现代光发射机主要由以下几部分组成:信号放大电路、自动功率控制(APC)电路、自动温度控制(ATC)电路、微处理器及显示电路等。光发射机原理框图如图 2-1 所示。

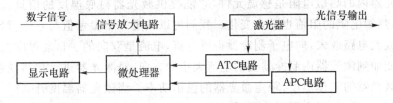

图 2-1　光发射机原理框图

激光器的射频特性与器件的偏置电流关系很大。当偏置电流超过阈值时,光功率会线性增加。激光器的频率特性(如噪声、频响、失真)与光功率的平方根(超过阈值的偏置电流)成比例。光发射机中激光器的光输出功率必须非常稳定,否则必然会影响传输网络的稳定性。激光器的阈值电流、偏置电流和光输出功率都与激光器的工作温度有密切的关系,激光器的内部发热等因素都将使其性能大大降低。因此,自动功率控制电路和自动温度控制电路在保证光发射机正常工作中都起着非常重要的作用。当激光器的偏置电流大于其阈值电流时,加到激光器中激光二极管上的偏置电流与激光器的输出功率成一定的比例关系,在阈值以上的宽广电流范围内,激光二极管的输出光功率基本上正比于输入电流的变化,LD 正是通过改变驱动电流来进行直接调制的。因此,自动功率控制电路就是利用激光器内的光电检测二极管(PD)来检测激光器的输出光功率的,并根据光电二极管的输出电流产生一个电压,把它与预置的参考电压进行比较,经过反馈控制电路驱动一个高稳定度的电流源,从而达到自动调节激光器的光输出功率的目的,保证激光器正常工作。当光功率增大时,控制电路促使激光器的驱动电流减小,使输出光功率减小。当光功率减小时,控制电路又使激光器的驱动电流增大,从而使输出光功率增大,一般情况下,输出光功率的波动不超过±2%。

激光器偏置电流的大小可通过调节直流参考电压来实现。除了直流供电电路外,光功率控制电路中还有两个附加电路。一个是慢启动电路。当光发射机开机时,这个电路使激光器的偏置电流经过 3 s 的时间由零增加到设定值,这样可以消除可能损坏激光器的瞬间冲击。另一个是限流器,它通过限流电路控制激光器电流的最大值。这样即使光电检测二极管坏了,也不会因激光器的偏置电流失去控制而毁坏激光器。

激光器的阈值电流、偏置电流、输出光功率与激光器的工作温度是密切相关的,温度的变化将使激光器不稳定,主要表现为:激光器的阈值电流随温度呈指数变化,从而使输出光功率发生很大的变化;随着温度的升高,激光器的外微分量子效率降低,从而使输出光功率发生变化;而且半导体激光器发射波长的峰值移向长波长。

为了保持激光器的工作状态,即阈值、偏置电流、输出光功率不变,消除温度变化和器件老化引起的影响,必须通过温控电路来控制电子制冷器的工作状态。

激光器内的热敏电阻是感温元件,它能提供激光器衬底温度的信息。当温度变化时,热敏电阻的阻值也随之变化。我们可以设定一个参考值与它进行比较,电压差经放大电路放大,向电子制冷器提供电流,电流是双向的。自动温度控制电路通过改变加到激光器内制冷器上的电流大小和方向,对激光器进行加热或制冷,从而控制激光器的工作温度,稳定激光器的输出功率。当激光器温度升高时,制冷器制冷,温度下降;当激光器温度降低时,制冷器加热,温度上升。温度控制电路可以将激光器的工作温度控制在$(25\pm1)℃$范围内,使光发射机的输出光功率在较大的温度范围内保持稳定。

2.2.2 光接收机

光发射机发射的光信号在光纤中传输时,不仅幅度被衰减,脉冲的形状也被展宽。光接收机的作用是探测经过传输的微弱光信号,并放大,再生成原传输的信号。对于强度调制的数字光信号,当接收端采用直接检测(DD)方式时,光接收机原理框图如图 2-2 所示。

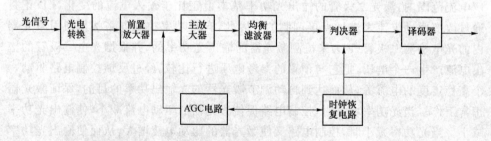

图 2-2 光接收机原理框图

在光接收机中,首先需要将光信号转换成电信号,这个过程是由光电探测器(光电二极管或雪崩光电二极管)来完成的。光电探测器把光信号转换成电流信号送入前置放大器,前置放大器的噪声对整个放大器的输出噪声影响很大,因此,需精心设计和制作低噪声放大器。主放大器除提供足够的增益外,还使输出信号的幅度在一定的范围内不受输入信号幅度的影响,均衡滤波器保证判决时不存在码间干扰,判决器和时钟恢复电路对信号进行再生。如果在发射端进行了线路编码(或扰码),那么在接收端需要有相应的译码(或解码)电路。光接收机的主要性能指标如下。

1. 接收灵敏度

光接收机的灵敏度是指在满足给定误码率(BER)指标的条件(BER=102)下,光接收机所需要的最小接收光功率。所需要的最小接收光功率越小,光接收机灵敏度越高,接收弱信号的能力就越强。

2. 动态范围

光接收机的动态范围是指光接收机灵敏度与最大可允许输入光功率的电平差。如果输入光功率过大(超过最大可允许的输入光功率),接收机就会出现饱和或过载,使输出信号失真,因此希望光接收机有较大的动态范围。光接收机前置放大器输出的信号一般较弱,不能满足幅度判决的要求,因此还必须加以放大。在实际光纤通信系统中,光接收机的输入信号随特定的使用条件而变化。在不同的系统中,光源的强弱不同,光纤的传输距离也不同,这样传给光接收机的光功率就可能不一样。

2.2.3　光纤

1. 光纤的基本构造

光通信中使用的光纤是横截面很小的可绕透明长丝,它在长距离内具有束缚和传输光的作用。

光纤主要由纤芯、包层和涂敷层构成。纤芯由高度透明的材料制成;包层的折射率略小于纤芯,从而造成一种光波导效应,使大部分电磁场被束缚在纤芯中传输;涂敷层的作用是保护光纤不受水汽的侵蚀和机械的擦伤,同时又增加光纤的柔韧性。在涂敷层外往往加有塑料外套。

2. 光纤的分类

(1) 按光的传输模式分

按光在光纤中的传输模式,光纤可分为多模光纤和单模光纤。

多模光纤:中心玻璃芯较粗($50\ \mu m$ 或 $62.5\ \mu m$),可传输多种模式的光。但其模间色散较大,这就限制了传输数字信号的频率,而且随着距离的增加这种情况会更加严重。因此,多模光纤传输的距离比较近,一般只有几千米。

单模光纤:中心玻璃芯较细(芯径一般为 $9\ \mu m$ 或 $10\ \mu m$),只能传输一种模式的光。因此,其模间色散很小,适用于远程通信。在单模光纤中色度色散起主要作用,这样单模光纤对光源的谱宽和稳定性有较高的要求,即谱宽要窄,稳定性要好。

（2）按折射率分布情况分

按折射率分布情况光纤分为突变型光纤和渐变型光纤。

突变型光纤：光纤中心玻璃芯到玻璃包层的折射率是突变的。其制作成本低，目前单模光纤都采用突变型。

渐变型光纤：光纤中心玻璃芯到玻璃包层的折射率是逐渐变小的，可使高模光按正弦形式传播，这能减少模间色散，提高光纤带宽，增加传输距离，但成本较高，现在的多模光纤多为渐变型光纤。

3. 光纤的传输特性

（1）衰减

在信号传输的过程中，人们都希望信号传得越远越好，但各种原因都会使光纤产生损耗，因此光纤损耗的大小起着关键性的作用，所以传输损耗是光纤最重要的特性之一，对光纤通信系统的传输距离有着重要的影响。

由于光纤本身对不同波长的光存在固有损耗，所以它只能传输一些特定波长的光，这通常称为光纤的窗口。在光纤研究初期，对原材料经过提纯以后，人们发现 $0.8 \sim 0.9\ \mu m$ 的红外波段石英光纤的损耗比较低，该波段的损耗可以降到 $3\ dB/km$ 以下，这就是短波长窗口，也称为第一窗口。通过进一步分析，人们发现光纤材料中的 OH 根对光纤损耗影响很大，特别是在 $1.38\ \mu m$ 波长处有一个强烈的吸收峰。在改进工艺，降低这个吸收峰以后，人们找到在 $1.31\ \mu m$ 波长和 $1.55\ \mu m$ 波长处有比 $0.8 \sim 0.9\ \mu m$ 波段更低的损耗。$1.31\ \mu m$ 波长处的最低损耗可达 $0.35\ dB/km$ 以下，$1.55\ \mu m$ 波长处的最低损耗可达 $0.15\ dB/km$。这两个波长就是长波长窗口，通常称 $1.31\ \mu m$ 波长为第二窗口，称 $1.55\ \mu m$ 波长为第三窗口。1995 年前后，人们开拓了 $1.565 \sim 1.625\ \mu m$ 的 L 带，称为第四窗口。1998 年，朗讯公司采用了一种新的生产工艺，推出了全波光纤，该光纤几乎完全消除了 $1.38\ \mu m$ 波长附近的 OH 根吸收峰，在 $1.38\ \mu m$ 波长处的衰减可低至 $0.31\ dB/km$，打开了 $1.36 \sim 1.46\ \mu m$ 范围内的第五窗口。

（2）色散

当一束电磁波与电介质的束缚电子相互作用时，介质的响应通常与光波频率 ω 有关，这种特性称为色散，它表明折射率 $n(\omega)$ 对频率的依赖关系。由于不同的频谱分量对应于由 $\dfrac{c}{n(\omega)}$ 给定的不同的脉冲传输速度，因而色散在短脉冲传输中起关键作用。光纤的色散限制了光纤的传输容量和传输带宽，也限制了光信号的传输距离。光纤色散分为模式色散、材料色散、波导色散和偏振色散。

模式色散：仅产生于多模光纤中。对于同一波长的入射光，不同入射角的光代表不同的模，不同的模在光纤中行走的路径不同，传播时间也不同，从而形成模式色散。模式色散随着光纤芯子直径的减小而减小，单模光纤不存在模式色散。单模光纤的色散由材料色散、波导色散组成,这两种色散都与波长有关,所以单模光纤的总色散也称为波长色散。

材料色散:光在介质中的传播速度与折射率成反比,光纤材料的折射率是随波长变化的,不同波长的光因在光纤中传播的速度不同而产生色散。波长越短,材料色散越严重;光源谱宽越宽,材料色散越大。有些材料在某一波长附近材料色散为零,石英光纤的零色散波长在 $1.27~\mu m$ 附近。

波导色散:不同波长的光在光纤中运行的轨迹不同,传输时间也不同。波导效应引起模内波长较短的光信号进入包层,包层折射率小于纤芯折射率,导致模内各信号因传输速度不同而产生色散,其大小由纤芯半径、相对折射率差及剖面形状决定。

偏振色散:单模光纤存在偏振色散。单模光纤传输的基模是由两个偏振方向相互垂直的模组合而成的。标准单模光纤的横截面为圆形,折射率沿半径方向分布,是均匀的,没有偏振色散。如果光纤出现缺陷,引起折射率分布不均,使两个模式的传输速度不同,就会产生色散。这在较低速率(10 Gbit/s 以下)光通信系统中通常可以不考虑,在高速率通信系统中则是一个重要的限制因素。

通常采用改变折射率分布形状和改变剖面结构参数的方法获得适量的负波导色散来抵消石英玻璃的正色散,从而移动零色散波长的位置,使光纤的总色散在所希望的波长上实现总零色散或负色散。人们采用这种方法研制出了色散位移光纤、非零色散位移光纤。在 $1.31~\mu m$ 波长处,单模光纤的材料色散和波导色散一正一负,大小相等,总色散为零。$1.31~\mu m$ 波长处正好是光纤的一个低损耗窗口,所以 $1.31~\mu m$ 单模光纤(G. 652)是光纤通信系统的主要工作波段。色散位移光纤(G. 653)将零色散点从 $1.31~\mu m$ 波长处位移到 $1.55~\mu m$ 波长处,实现 $1.55~\mu m$ 波长处最低衰减和零色散波长一致,非常适合长距离单信道光纤通信系统。当光纤色散为零时,传输 WDM 光信号会产生四波混频等非线性效应。非零色散位移光纤(G. 655)将零色散点移向短波长侧或长波长侧,使之在 $1.55~\mu m$ 区域具有较低的色散,又保持非零特性,以抑制四波混频和交叉相位调制等非线性影响。非零色散位移光纤适宜开通 DWDM 系统,同时满足 TDM 和 DWDM 两个发展方向的需要。

4. 塑料光纤

塑料光纤(POF)是多模光纤中的一种,它的特点是孔径大、传输模式多,模式之间的相互作用复杂,所以模间色散是限制塑料光纤带宽特性的最主要因素。如果忽略材料色散,由于塑料光纤中的众多模式在光纤中传输的速度不同,所以其脉冲响应不是一个连续体,而是由一系列与光纤内各个模式到达时间相关的函数组成的。经过傅里叶变换,塑料光纤的频率响应包括很多高频成分,其频率响应不随着频率升高而单调下降,而是存在某些频段的平坦响应。这些频段的平坦响应一般都大于塑料光纤的 3 dB 带宽。在传统的基带通信中,塑料光纤受到 3 dB 带宽的限制,但是这些平坦响应频段的存在可以将基带信号载到射频载波,再调制到光波上传输,从而克服塑料光纤基带带宽的限制,可利用 ROF 技术实现宽带无线信号传输。

塑料多模光纤本身良好的延展性和较大的芯径可以进一步降低安装上的不便。塑料多模光纤与石英光纤相比损耗较大,但对于短距离传输来说,长度限制的问题可以近似忽略,并且价格较低。特别地,氟化聚合物塑料光纤在 650～1 300 nm 波段内具有良好的透光性;在 850～1 300 nm 波段时,不需要石英光纤与塑料光纤之间进行波长转换,并且可以使用普通商用石英光纤的激光器作为光源,特别是在 850 nm 时可用垂直腔面发射激光器(VCSEL)和廉价的 LED。

2.2.4 光电探测器

光电探测器是一种受光器件,具有光电变换功能,是一种把光辐射能量转换为便于测量的电能的器件。常用的光电探测器有光电二极管和雪崩光电二极管。

光电二极管是在反向电压作用之下工作的。没有光照时,反向电流很小(一般小于 0.1 μA),称为暗电流。有光照时,携带能量的光子进入 PN 结后,把能量传给共价键上的束缚电子,使部分电子挣脱共价键,从而产生电子-空穴对,称为光生载流子。它们在反向电压的作用下参加漂移运动,使反向电流明显变大,光的强度越大,反向电流就越大。这种特性称为光电导。光电二极管在一般照度的光线照射下,所产生的电流叫光电流。如果在外电路上接上负载,负载上就获得了电信号,而且这个电信号随着光的变化而相应变化。

雪崩光电二极管利用半导体结构中的载流子的雪崩倍增效应来放大光电信号,以提高检测的灵敏度。当一个半导体二极管加上足够高的反向偏压时,在耗尽层内运动的载流子就可能因碰撞电离效应而获得雪崩倍增。人们最初在研究半导体二极管的反向击穿机构时就发现了这种现象。当载流子的雪崩增益非常高时,二极管进入雪崩击穿状态;在此以前,只要耗尽层中的电场足以引起碰撞电离,则通过耗尽层的载流子就会具有某个平均的雪崩倍增值。在雪崩光电二极管中,PN 结加合适的高反向偏压,可使耗尽层中光生载流子受到强电场的加速作用而获得足够高的动能,它们与晶格碰撞电离产生新的电子-空穴对,这些载流子又不断引起新的碰撞电离,造成载流子的雪崩倍增,得到电流增益。

2.3　无线网络器件

2.3.1　基站收发台

基站收发台(Base Transceiver Station,BTS)的功能是负责移动信号的接收、发送处理。移动通信系统主要由移动台、基站子系统和网络子系统组成。基站收发台和基站控制器(Base Station Controller,BSC)构成了基站子系统。BTS 受控于基站控制器,服务于某小区的无线收发信设备,完成 BSC 与无线信道之间的转换,实现 BTS 与移动台(MS)之间通过空中接口的无线传输及相关的控制功能,具体完成无线与有线的转换、无线分集、无线信道加密、跳频等功能。BTS 包括基带单元、载频单元和控制单元三部分。基带单元主要用于话音和数据速率适配以及信道编码等。载频单元主要用于调制/解调与发射机/接收机间的耦合。控制单元则用于 BTS 的操作与维护。BTS 中包括无线传输所需要的各种硬件和软件,具体包括:发射机和接收机、支持各种小区结构(如全向、扇形、星状和链状)所需要的天线、与无线接口相关的信号处理电路、收发台本身所需要的检测和控制装置等。

2.3.2　基站控制器

基站控制器是基站子系统的控制和管理部分,是基站收发台和移动交换中心(MSC)之间的连接点,也为基站收发台和移动交换中心之间交换信息提供接口;负责完成无线网络管理、无线资源管理及无线基站的监视管理,控制移动台与 BTS 无线连接的建立、持续和拆除等。一般 BSC 由 3 个模块组成,AM/CM 模块是话路交换和信息交换的中心。BM 模块完成呼叫处理、信令处理、无线资源管理、无线链路管理和电路维护功能。TCSM 模块完成复用、解复用及码变换功能。

BSC 控制一组基站,其任务是管理无线网络,即管理无线小区及其无线信道、无线设备的操作和维护、移动台的业务过程,并提供基站至 MSC 之间的接口。将有关无线控制的功能尽量地集中到 BSC 上来,以简化基站的设备,这是 GSM 的一个特色。BSC 的功能如下。

① 无线基站的监视与管理。RBS 资源由 BSC 控制,同时通过在话音信道上的内部软件测试及环路测试,BSC 还可监视 RBS 的性能。爱立信的基站采用内部软件测试及环路测试在话音通道上对 TRX 进行监视。若检测出故障,重新配置 RBS,激活备用的 TRX,这样原来的信道组保持不变。

② 无线资源的管理。BSC 为每个小区配置业务及控制信道,为了能够准确地进行重新配置,BSC 收集各种统计数据,比如损失呼叫的数量、成功与不成功的切换、每小区的业务量、无线环境等,特殊记录功能可以跟踪呼叫过程的所有事件,这些功能可检测网络故障和设备故障。

③ 处理与移动台的连接,负责与移动台连接的建立和释放,给每一路话音都分配一个逻辑信道。在呼叫期间,BSC 对连接进行监视,移动台及收发信机测量信号强度及话音质量,测量结果传回 BSC。由 BSC 决定移动台及收发信机的发射功率,其宗旨是既保证好的连接质量,又将网络内的干扰降到最低。

④ 定位和切换。切换是由 BSC 控制的,定位功能不断地分析话音接续的质量,由此作出是否切换的决定,切换可以分为 BSC 内切换、MSC 内 BSC 间的切换、MSC 之间的切换。有一种特殊切换称为小区内切换,当 BSC 发现某连接的话音质量太低,而测量结果中又找不到更好的小区时,BSC 就将连接切换到本小区内另外一个逻辑信道上,希望通话质量有所改善。切换同时可以用于平衡小区间的负载,如果一个小区内的话务量太多,而相邻小区话务量较少,信号质量也可以接受,则会将部分通话强行切换到相邻的小区上去。

⑤ 寻呼管理。BSC 负责分配从 MSC 来的寻呼消息,在这一方面,它其实是 MSC 和 MS 之间的特殊的透明通道。

⑥ 传输网络的管理。BSC 配置、分配并监视它与 RBS 之间的 64KBPS 电路,它也直接控制 RBS 内的交换功能。此交换功能可以有效地使用 64K 的电路。

⑦ 码型变换。将 4 个全速率 GSM 信道复用成一个 64K 信道的话音编码在 BSC 内完成,一个 PCM 时隙可以传输 4 个话音连接。这一功能是由 TRAU 来实现的。

⑧ 话音编码。

⑨ BSS 的操作和维护。BSC 负责整个 BSS 的操作与维护,诸如系统数据管理,软件安装,设备闭塞与解闭,告警处理,测试数据的采集,收发信机的测试。

2.4 调 制 器 件

2.4.1 光调制解调器

光调制解调器也称为单端口光端机,是针对特殊用户环境而研发的一种 3 件一套的光纤传输设备。该设备采用大规模集成芯片,电路简单,功耗低,可靠性高,具有完整的告警状态指示和完善的网管功能。

　　光纤通信因其频带宽、容量大等优点而迅速发展成当今信息传输的主要形式，要实现光通信就必须进行光的调制解调，因此作为光纤通信系统的关键器件，光调制解调器正受到越来越多的关注。光调制器有直接调制器与外调制器两种，光解调器则分为有内置前放、无内置前放两种[6]。直接调制器与有内置前放的解调器是研究重点，直接调制器具有简单、经济和容易实现的优点，有内置前放的解调器则具有集成度高、体积小的特点。调制的目的是把要传输的信息转换成可以通过无线信道传输的形式，也就是把信号变换到适合传输的频率。一般来说，调制是把基带信号转换成一个频率较高的带通信号。调制是用基带信号按照一定规则去改变高频载波的幅度、相位或者频率这些参数的一个过程。

　　光调制解调器是针对特殊用户环境而设计的产品，它是利用一对光纤进行单 E1 或单 V.35 或单 10BaseT 点到点式的光传输的终端设备。该设备作为本地网的中继传输设备，适合作为基站的光纤终端传输设备以及租用线路设备。对于多口的光端机一般会直接称作光端机，单口光端机一般使用于用户端，它的工作类似于广域网专线（电路）联网用的基带 MODEM，而又称作光猫、光调制解调器[7]。光猫设备采用大规模集成芯片，电路简单，功耗低，可靠性高，具有完整的告警状态指示和完善的网管功能。光猫是一种类似于基带 MODEM（调制解调器）的设备，和基带 MODEM 不同的是接入的是光纤专线，传输的是光信号，用于广域网中光电信号的转换和接口协议的转换，接入路由器，是广域网接入。光电收发器用于局域网中光电信号的转换，仅是信号转换，没有接口协议的转换。

　　光调制解调器由发送、接收、控制、接口及电源等部分组成。数据终端设备以二进制串行信号的形式提供发送的数据，数据经接口被转换为内部逻辑电平并被送入发送部分，经调制电路调制成线路要求的信号并向线路发送。接收部分接收来自线路的信号，经滤波、反调制、电平转换后还原成数字信号并送入数字终端设备。类似于电通信中对高频载波的调制与解调，光调制解调器可以对光信号进行调制与解调。不管是模拟系统还是数字系统，输入到光发射机带有信息的电信号，都通过调制转换为光信号。光载波经过光纤线路传输到接收端，再由接收机通过解调把光信号转换为电信号。光调制器是由微波封装的高频 DFB 激光二极管与 APC、ATC 控制电路组成的 E/O 转换部件，利用射频微波信号直接调制超高频激光二极管产生的强度调制光信号，再将其耦合到单模光纤中，经约 5 km 光纤传输后，再由光解调器接收并完成 O/E 转换，光解调器是由高速跨阻放大器的 PD 组件与宽带低噪声放大器组成的。O/E 转换必须保证高线性、低失真传输，因此，要通过减小射频输入功率，增加放大器增益来完成。光调制解调器设计的重点在于器件的微波封装，阻抗匹配，对器件等效电路进行模拟，设计出合理共平面的微带线电路，用 CAD 优化最终达到行波与复数共轭匹配，还要解决系统中高增益前置放大以及减小三阶交调等技术问题。

2.4.2　无线调制解调器

无线 MODEM 是为数据通信的数字信号在具有有限带宽的模拟信道上进行无线传输而设计的,它一般由基带处理、调制解调、信号放大和滤波、均衡等几部分组成。调制是将电信号转换成模拟信号的过程,解调是将模拟信号还原成电信号的过程。无线 MODEM 的特殊之处就在于它是用于无线传输的。无线 MODEM 一般常见的接口有 RS232 串行口、USB 口和 PC 卡式接口。RS232 串行口和 USB 口一般都是外置式;PC 卡式接口为内置式,一般为笔记本式计算机使用,直接插在标准的 PCMCIA 插槽中,可与用户终端设备接口直接连接。

无线 MODEM 应用主要分为两个部分:一种是 GSM 通信模式,另一种是 TCP/IP 通信模式。现有的高端无线 MODEM 均能向下兼容 GSM 网络平台。

GSM 通信方式主要有电路交换和短信通信两种,电路交换主要应用于语音通信,类似于手机打电话方式,一般无线 MODEM 无内置话筒和听筒,需外接耳机;短信通信类似于手机收发短信方式,无线 MODEM 实现电路交换和短信通信均需要后台软件来处理。

TCP/IP 通信方式是基于 IP 网络通信的方式,无线 MODEM 在 IP 网络通信之前,首先要进行 PPP 拨号,进行 PPP 拨号时需要后台计算机(也可能是其他设备)软硬件资源的支持。无线 MODEM 需依附于计算机操作系统(或者具有 PPP 拨号功能的设备)才能完成 PPP 拨号过程,并获取无线网络 IP 地址进行通信,通常与计算机配合使用。

2.5　本 章 小 结

本章介绍了光与无线网络的关键器件,以及相关的基础知识。通过本章的介绍,读者可对光纤的传输特性、光源与光电探测器的工作原理、光发射机与光接收机的原理框图以及光调制解调器与无线调制解调器的基本结构有一定的了解,这对读者理解本书后面的内容有很大的帮助。

2.6　本章参考文献

[1]　Yang H, Zhang J, Zhao Y, et al. CSO: cross stratum optimization for optical as a service[J]. IEEE Communications Magazine, 2015, 53(8):

130-139.

[2]　Yang H，Yu A，Zhao X，et al. Multi-dimensional resources allocation based on reconfigurable radio-wavelength selective switch in cloud radio over fiber networks[J]. Optics Express，2018.

[3]　Yang H，Cui Y，Zhang J. Unified multi-layer among software defined multi-domain optical networks（invited）[J]. Electronics，2015，4（2）：329-338.

[4]　Yang H，Zhang J，Zhao Y，et al. Cross stratum optimization for software defined multi-domain and multi-layer optical transport networks deploying with data centers[J]. Optical Switching and Networking，2017(26)：14-24.

[5]　Yang H，Zhang J，Zhao Y，et al. Experimental demonstration of remote unified control for OpenFlow-based software-defined optical access networks[J]. Photonic Network Communications，2016，31(3)：568-577.

[6]　刘方楠,孙力军,白瑶晨. 光调制解调器的设计与实现[J].激光与红外,2007(9)：874-875.

[7]　吴坚.光调制解调器在设备远距离通讯中的应用[J].科技创新与应用,2013(11)：44.

第 3 章　光与无线网络系统

3.1　光与无线网络系统概述

随着网络的不断发展,用户对通信系统的要求日渐提高,传统的无线通信系统已经不能满足宽带通信的要求,无线通信系统有限的系统容量和低下的工作效率问题亟待解决。

为了提高无线通信系统的容量并实现宽带通信,我们需要提高通信系统的工作效率。表 3-1 给出了我国通信系统的频带占用情况。从表 3-1 中我们可以看出,目前我国大多数业务都集中在 3 GHz 以下的频带范围内,而对于 30 GHz 以上的高频段资源利用较少,特别是对 20 GHz 和 60 GHz 频段的两个大气传输高损耗窗口。如果能把频带资源充分利用起来,就可以实现超宽带的无线接入,而利用这一频段的无线电波就是毫米波。

表 3-1　无线频率资源占用情况

通信系统	占用频带	通信系统	占用频带
无线局域网	2.4 GHz 5～5.8 GHz	固定无线接入系统	3.5 GHz
本地多点业务分配系统	26 GHz	多路微波有线电视传输	2.535～2.599 GHz
卫星移动通信系统	1.98～2.01 GHz 2.17～2.2 GHz	GSM	885～889 MHz 930～934 MHz
CDMA	825～835 MHz 870～880 MHz	TD-SCDMA	1 785～1 805 MHz 1 880～1 920 MHz

波长为 1～10 mm 的电磁波称为毫米波(Millimeter Wave),它位于微波与远红外波相交叠的波长范围内,因而兼有两种波谱的特点。与光波相比,毫米波利用大气窗口(毫米波与亚毫米波在大气中传播时,由于气体分子谐振吸收所致的某些衰减为极小值的频率)传播时衰减小,受自然光和热辐射源的影响小。毫米波的主

要优点如下。

① 极宽的带宽。通常认为毫米波的频率范围为 26.5～300 GHz，带宽高达 273.5 GHz，超过从直流到微波全部带宽的 10 倍。即使考虑大气吸收，在大气中传播时只能使用 4 个主要窗口，但这 4 个窗口的总带宽可达 135 GHz，为微波以下各波段带宽之和的 5 倍。这在频率资源紧张的今天无疑极具吸引力。

② 波束窄。在相同天线尺寸下毫米波的波束要比微波的波束窄得多。例如，一个 12 cm 的天线，在 9.4 GHz 时波束宽度为 18°，而在 94 GHz 时波束宽度仅为 1.8°。因此可以通过毫米波分辨相距较近的小目标或者更为清晰地观察目标的细节。

③ 与激光的传播相比，毫米波的传播受气候的影响要小得多，可以认为毫米波具有全天候特性。

④ 和微波元器件相比，毫米波元器件的尺寸要小得多，因此毫米波系统更容易小型化。

毫米波在通信、雷达、遥感和射电天文等领域有大量的应用。要想成功地设计并研制出性能优良的毫米波系统，必须了解毫米波在不同气象条件下的大气传播特性。影响毫米波传播特性的因素主要有构成大气成分的分子吸收（氧气、水蒸气等）、降水（包括雨、雾、雪、雹、云等）、大气中的悬浮物（尘埃、烟雾等）以及环境（包括植被、地面、障碍物等），这些因素的共同作用会使毫米波信号衰减、散射、改变极化和传播路径，进而在毫米波系统中引进新的噪声，这些因素将对毫米波系统的工作造成极大影响，从而使得损耗增大。

为了解决上述问题，人们提出了 ROF(Radio Over Fiber)技术，该技术充分结合了光纤与无线通信系统传输的特点，能实现大容量、低成本的射频信号有线传输和超宽带无线接入（大于 1 Gbit/s）。

光与无线网络系统就是利用光纤来传输无线信号的。将射频信号直接调制在光上，通过光纤传播到基站，再通过基站进行光电转换恢复成射频信号，然后通过天线发射给用户。由于光载波上承载的是射频信号，因此光与无线网络系统是模拟传输系统。

3.2　光与无线网络系统架构

典型的光与无线网络系统一般由三部分组成：中心局（CO）、光纤链路、基站（BS）或远端接入点（AP）。光与无线网络系统中的基站与现有的蜂窝网络和宽带无线通信系统中的基站不同，在之后的介绍中读者将能体会到其区别。中心局负责整个无线网络系统中的路由、交换、无线资源分配等。中心局将射频信号模拟调制到光载波上,通过光纤传播到基站上。基站对接收到的光信号进行光电转换,将其恢复成可用于无线传输的射频信号,最后通过天线发送给用户。这样终端用户就接入无线网络中了。

3.2.1　光与无线网络系统架构的基本原理

光与无线网络系统首先要解决如何将目标信号加载到光源的发射光束上(光载波),即电光调制;调制后的光信号经过光纤信道送至接收端,由光接收机鉴别出它的变化,恢复原来的信息,即光电解调。在光与无线网络系统中,目标信号是射频信号,即模拟信号,因此发送、传输和接收三部分的技术都是针对模拟信号的,这与传统的数字光纤系统不同。下面对调制解调的相关原理和技术进行介绍。

1. 调制方法

光与无线网络系统的调制方法与传统数字光纤系统的相同,分为直接调制(Direct Modulation)和外调制(External Modulation)。

直接调制用于半导体光源,通过直接调制将信息转换为电流信号并直接输入激光器,从而获得调制光信号。半导体光源一般为半导体激光器(LD)和发光二极管(LED)。其中,发光二极管只能用于性能要求较低的系统,目前大多数光与无线网络系统用的直接调制光源均为半导体激光器。直接调制的原理框图如图 3-1 所示。

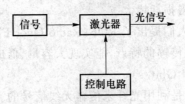

图 3-1　直接调制原理框图

直接调制具有简单、经济等特点,可以进行强度调制。但是直接调制容易引入噪声,对于大带宽光源会导致严重的色散,当带宽达到 2.5 GHz 时,啁啾现象将会对系统产生严重的影响。

外调制的结构相对复杂,原理框图如图 3-2 所示。

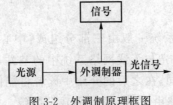

图 3-2　外调制原理框图

外调制不但可以进行强度调制,还可以进行频率及相位调制,调制性能也优于直接调制。所以对于大带宽的光与无线网络系统,一般使用外调制方法。

经过直接调制或外调制可得到光信号。光与无线网络系统调制频谱变换图如图 3-3 所示。

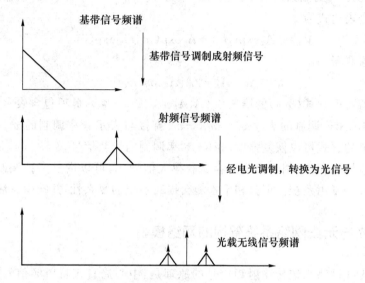

图 3-3　光与无线网络系统调制频谱变换图

从图 3-3 中可以看出,光纤传输信号的中心频率即光载波的频率,为 f_c,其两个边带上的信号分别位于 $f_c \pm f_{RF}$ 附近,称为副载波。f_{RF} 为原射频信号的射频载波频率。当系统所传输的信号是一个频分复用信号时,就会产生多个副载波 f_{RF1},f_{RF2},$\cdots$,f_{RFn}。信号经过光纤传输至基站。在基站,光信号通过光电探测器可以被还原为射频信号。

2. 解调方法

对于光与无线网络系统,解调方法也有两种,分别是强度调制直接检测(IM-DD)和相干检测。强度调制直接检测就是对经过强度调制的光与无线网络系统直接进行包络检测,即经过强度调制的信号在基站经过光电探测器就可以直接恢复成原射频信号。

相干检测可以检测强度、相位、频率调制的光载无线信号。光信号在进入光接收机之前与接收端的本振激光器(LO)进行混频,产生一个等于本振激光器的频率和原光源频率之差的中频分量。

在相干检测中,设接收的光信号的电域表达式为

$$E_{s23}(t) = A_1 \exp(\mathrm{j}w_s t + \mathrm{j}\phi_s) \tag{3-1}$$

式(3-1)中,A_1 为光信号的电场幅度,可用于表示强度调制;w_s 为光载波的频率,可用于表示频率调制;ϕ_s 为信号的相位,可用于表示相位调制。接收端本振激光器

输出的信号可以表示为

$$E_{LO}(t) = A_2 \exp(jw_{LO}t) \tag{3-2}$$

式(3-2)中，A_2 为本振光信号的电场幅度，w_{LO} 是本振光的频率，这里假设本振输出的初始相位为 0，则混频后的中频信号频率为 $w_1 = |w_{LO} - w_s|$。此时，输入光电探测器的信号表达式为

$$V_{in} = [A_1 \exp(j\phi_s) + A_2 \exp(jw_1t)]\exp(jw_st) \tag{3-3}$$

经过光电探测器，有

$$i_O \propto A_1^2 + A_2^2 + 2A_1A_2\cos(w_1t - \phi_s) \tag{3-4}$$

经过滤波器可得到式(3-4)的第三项 $2A_1A_2\cos(w_1t - \phi_s)$，此项包含表示强度调制的 A_1 和表示相位调制的 ϕ_s。$w_1 = w_{LO} - w_s$ 直接与表示频率调制的 w_s 相关。因此相干检测的方式可以恢复强度、相位、频率调制的光载信号。

与直接检测相比，相干检测更容易获得大信噪比，可以恢复多种调制信号，更适合密集波分复用系统。但是相干检测会提高系统的复杂性，并缺少灵活性。

3.2.2　光与无线网络系统架构的网络模型

光与无线网络系统传输射频信号的原理是：中心局直接将射频信号通过模拟调制的方式加载到光载波上，然后通过光纤传播到基站，基站通过光电转换解调出原始射频信号，再通过天线传播给用户。因此，在基站上只需要一个光电转换器（光电探测器）及一个射频信号发射单元即可，而复杂的射频信号处理过程全部在中心局处理。

在实际的通信系统中，某个中心局一般负责支持多个基站，光与无线网络系统的根本思想是以中心局复杂度的增加来换取简易低成本的基站，这有益于资源的灵活分配和共享。另外，网络业务量的飞速增长和用户对通信系统的带宽需求越来越高，通过增大射频载波频率来满足高带宽的需求是可行的。但在自由空间传输过程中，载波频率越大，衰减就会越大，损耗也会越大。这就要求通信网络支持更小的蜂窝和更多的基站，这对基站复杂度的控制就显得更加重要，光与无线网络系统在解决该问题上具有显著优势。

3.3　光与无线网络系统的特点与优势

光与无线网络系统是一种光纤与无线融合的物理层实现技术，对于未来所面临的宽带通信网络和无线化挑战，光纤通信技术与无线通信系统的融合有着重要作用，光与无线网络系统应运而生。

作为光纤通信技术的分支,光与无线网络系统拥有无线接入能力,可以实现"任何时间,任何地点"提供服务,满足用户对网络的需求。作为无线通信系统,光与无线网络系统可以提供更高的带宽,对于远距离传输、易于敷设、抗干扰能力强、传输损耗低以及射频信号的管理等要求都能满足。

另外,在无线通信系统中,随着数据传输速率的不断提高和频谱资源的不断消耗,信号的载波频率从微波过渡到毫米波。信号频率的增加导致在自由空间的传输中损耗增加,信号所能传输的距离缩短,那么对于蜂窝小区的覆盖面积也会进一步缩减,这样用于处理毫米波高波段的基站数量也会增加。但是处理高频信号的成本很高,性能相对较差,进而对整个通信系统的通信成本和质量产生影响。而光与无线网络系统中所需要的基站十分简单,只需要一个光电探测器以及电放大器。在可用于光与无线网络系统的高带宽的光电探测器能够大规模生产的前提下,通信系统基站的成本及数量都可以有效控制,同时由于省去了基站对高频信号的处理过程,通信系统的通信质量也可以保证。

3.4　光与无线网络系统的性能指标

光与无线网络系统的链路上传输的是模拟信号,因此光与无线网络系统的链路性能指标与数字光纤链路的性能指标有所不同。在光与无线网络系统中,光信号的带宽高达百吉赫兹,因此其对于系统的传输性能要求较高。系统的性能指标包括链路增益、噪声指数、系统带宽。

3.4.1　链路增益

链路基本的性能指标之一就是链路增益(Link Gain)g_i,即经过光与无线网络系统的光载无线链路之后的信号功率与之前的信号功率之比,计算如下:

$$g_i = \frac{P_o}{P_i} \tag{3-5}$$

其中 P_i 是链路射频信号的输入功率,P_o 是链路射频信号的输出功率。

在计算光与无线网络系统的链路增益时,一般认为链路中没有放大器,则链路增益可以表示为

$$g_i = s_{md}^2 r_d^2 \tag{3-6}$$

式(3-6)中,s_{md} 是电光调制器的斜率效率,r_d 是光电检测的响应度。可以看出,链路增益由系统中元件的特性参数决定。理论上来说,链路增益没有最大或最小界限。但是在实际情况中,系统元件的性质参数 s_{md}、r_d 会限制链路增益。

在直接调制的光与无线网络系统中,使用的是一般的二极管激光器和 PIN 光

电探测器,且链路中各部分阻抗是匹配的,由于 s_{md}、r_d 不大于1,因此链路的增益也不会大于1。

与直接调制的光与无线网络系统不同,外调制的光与无线网络系统的斜率效率由链路中的几个特性参数决定。例如,马赫-增德尔调制器偏置在 $\pi/4$ 时的斜率效率 s_{mz} 为

$$s_{mz} = \frac{\pi P_I T_{ff} R_s}{2V_\pi} \tag{3-7}$$

式(3-7)中,P_I 是从连续波激光器输入调制器的光源功率;T_{ff} 是调制器的传输系数;R_s 是光源的阻抗;V_π 是调制器的半波电压,是调制器的固有属性。因此,只要提高 P_I 和 s_{mz},链路增益就可以大于1,甚至可以无限增大。

3.4.2 噪声指数

光纤通信的优势在于光纤受噪声的影响非常小。所以在光与无线网络系统中,光纤传输信号部分所引入的噪声可以忽略不计。但是接收端的光电探测器、放大器等器件都将引入噪声。整个通信系统的噪声主要来源于热噪声、散弹噪声和相对强度噪声。

1. 噪声种类

（1）热噪声

热噪声(Thermal Noise)产生于导体中,是自由电子的布朗运动所引起的噪声。导体中的每一个自由电子由于具有热能而进行相对运动。由于粒子之间不规则的运动而碰撞产生的电流方向是不确定的,其平均值为零,但是产生的交流电流会对系统产生影响,称为热噪声。

热噪声的随机性服从高斯分布,因为它满足中心极限定理。热噪声的大小为

$$I_{nt}^2 = \frac{4kTB}{R_L} \tag{3-8}$$

式(3-8)中,k 是玻尔兹曼(Boltzmann)常数;T 是绝对温度;B 是带宽;R_L 是负载阻抗值。热噪声功率谱密度的典型值为 -174 dBm/Hz。

（2）散弹噪声

散弹噪声(Shot Noise)是一种量子噪声,当有电流通过载流子时形成独立、随机的运动,这时会产生电流,由此引起的噪声称为散弹噪声。在光链路中,当光子到达光电探测器时,光电探测器中的电子随之发生一系列独立、随机的反应,从而使光电流转换为电流,同时散弹噪声附加在光电转换之后的电流上。

散弹噪声的功率谱密度为

$$I_{ns}^2 = 2e(\overline{i_d} + i_{dk})B \tag{3-9}$$

式(3-9)中，e 是电子电荷，$\overline{i_d}$ 是光电二极管产生的平均光电流，$\overline{i_{dk}}$ 是光电二极管的暗电流，B 是等效噪声带宽。散弹噪声主要是由光电探测器引入的。

（3）相对强度噪声

相对强度噪声(Relative Intensity Noise)是用于定义激光器输出功率的随机抖动的。造成激光器输出光源随机抖动的因素有很多，归结起来是由于光子自发或受激的随机辐射。

相对强度噪声的定义式为

$$RIN = 10\lg\left(\frac{2<i_{rin}^2(t)>}{<I_D>^2\Delta f}\right) \tag{3-10}$$

式(3-10)中，$<I_D>$ 是光源输出的光电流的平均强度，$<i_{rin}>$ 是相对强度噪声的平均电流强度。典型的 RIN 值为 $-150\sim-165$ dB/Hz。

2. 噪声系数

噪声系数(Noise Figure)用于描述输出端信号噪声较输入端的恶化情况。若在传输过程中不引入噪声，则噪声系数 0 dB 为噪声系数的上限。

$$NF = 10\lg\frac{SNR_{IN}}{SNR_{OUT}}(dB) = \frac{\frac{s_{out}}{n_{out}}}{\frac{s_{in}}{n_{in}}} \tag{3-11}$$

在式(3-11)中，有

$$\begin{cases} s_{out} = g_i s_{in} \\ n_{out} = g_i n_{in} + n_{add} \end{cases} \tag{3-12}$$

式(3-12)中，g_i 为链路增益，n_{add} 为链路本身及其元件引入的噪声。式(3-12)可转换为

$$NF = 10\lg\left(1 + \frac{n_{add}}{g_i n_{in}}\right) \tag{3-13}$$

由式(3-13)可知，噪声系数与信号本身无关。此外，光与无线网络系统中的 3 种噪声都是"白噪声"，即噪声的功率谱密度与频率无关，是一条水平直线。因此，n_{add} 与 n_{in} 都是系统带宽的函数，n_{in} 分子与分母对带宽的依赖相抵消，噪声系数与系统带宽是独立的。

3.4.3　系统带宽

系统带宽即系统所能传输的最大的信号带宽。由于光与无线网络系统是模拟通信系统，与数字通信系统的带宽取决于信号本身的数据传输速率不同，其带宽是随着射频副载波频率的增大而增大的。因此光与无线网络系统的系统带宽要求也比较高。

光与无线网络系统中的器件所能处理的信号速率及带宽限制了整个系统的带宽。例如,光电探测器的响应带宽为其能探测到的电信号功率下降到一半时所对应的频率,也称为 3 dB 带宽。现在的 60 GHz、70 GHz 的响应带宽的 PIN 光电探测器已经比较常见了。使用 60 GHz 的 PIN 可以还原出高频信号。调制部分所能处理的射频信号的带宽同样有限,这取决于调制器的电光响应能力。

3.5　光与无线网络系统在第四代移动通信系统中的应用

就应用前景而言,ROF 与移动通信技术相结合,尤其是与第四代移动通信技术相结合,能够更好地发挥其优势。ROF 固有的优势和特点将光网络所具有的巨大传输容量与无线网络的灵活性和移动性结合起来。ROF 的优点在于:①能降低基站的复杂性,使得基站的结构微型化,实现长距离的传输;②实现对于基站的集中控制,并使得基站可以单独并且灵活地分配基于编码方式、调制方式、传输速率、载波频率等参量的传输策略;③实现透明传输,使得系统具有充分的扩展性。ROF 与第四代移动通信系统的结合解决了人们对日益增长的通信容量和移动性的需求。

3.5.1　第四代移动通信系统概述及其关键技术

移动通信(Mobile Communication)是移动体之间的通信,或移动体与固定体之间的通信。移动体可以是人,也可以是汽车、火车、轮船、收音机等在移动状态中的物体。移动通信系统从 20 世纪 80 年代诞生以来,到 2020 年大体经过了 5 代的发展历程。未来几代移动通信系统最明显的趋势是要求高数据速率、高机动性和无缝隙漫游。实现这些要求在技术上将面临更大的挑战。此外,在未来系统性能(如蜂窝规模和传输速率)在很大程度上将取决于频率的高低。考虑这些技术问题,有的系统将侧重提供高数据速率,有的系统将侧重增强机动性或扩大覆盖范围。

移动通信技术将向数据化、高速化、宽带化、频段更高化等方向发展,移动数据、移动 IP 将成为未来移动网的主流业务。第四代移动通信要求数据传输速率从 2 Mbit/s 提高到 100 Mbit/s。为了达到这个目标,需要在下列几个方面作出努力:频谱的高效使用、带宽的动态分配、安全的无线应用、更高的服务质量、高性能的信号调制传输技术。为此,4G 使用了许多新技术,现将其中的关键技术介绍如下。

1. 正交频分复用技术

根据多径信道在频域中表现出来的频率选择性衰落特性,人们提出了正交频分复用(OFDM)调制技术。正交频分复用的基本原理是把高速的数据流通过串并变换,分配到传输速率相对较低的若干子信道中进行传输,在频域内将信道划分为若干互相正交的子信道,每个子信道均拥有自己的载波,并分别进行调制,信号通过各个子信道独立传输。如果每个子信道的带宽被划分得足够窄,则每个子信道的频率特性就可近似看作是平坦的,即每个子信道都可看作无符号间干扰(ISI)的理想信道。这样在接收端不需要使用复杂的信道均衡技术即可对接收信号可靠地进行解调[9]。

OFDM 作为第四代移动通信系统的核心技术,是多载波调制的一种,最大的优点就是能对抗频率选择性衰落与窄带干扰,同时频谱利用效率高,抗噪声能力强,采用动态子载波分配技术能使系统达到最大比特率,该技术适合于高速数据传输。

2. 多输入多输出技术

多输入多输出(MIMO)技术已经成为无线通信领域的关键技术之一。MIMO技术利用发送端和接收端的多个天线来对抗无线信道衰落,从而在不增加系统带宽和天线发射功率的情况下可以有效地提高无线系统的容量,其本质是一种基于空域和时域联合分集的通信信号处理方法[2]。

3. 智能天线技术

智能天线(SA)是一种安装在基站现场的双向天线,通过一组带有可编程电子相位关系的固定天线单元获取方向性,并可以同时获取基站和移动台之间各个链路的方向特性。智能天线的原理是将无线电的信号导向具体的方向,产生空间定向波束,使天线主波束对准用户信号到达方向(Direction of Arrival,DoA),旁瓣或零陷对准干扰信号到达方向,达到充分高效利用移动用户信号并删除或抑制干扰信号的目的[3]。

智能天线具有抑制信号干扰、自动跟踪以及数字波束调节等智能功能,被认为是未来移动通信的关键技术。智能天线技术利用各个移动用户间信号空间特征的差异,通过阵列天线技术在同一信道上接收和发射多个移动用户信号而不发生相互干扰,使无线电频谱的利用和信号的传输更为有效。在不增加系统复杂度的情况下,使用智能天线可满足服务质量和网络扩容的需要。

4. 基于 IP 的核心网

4G 的核心网是一个基于全 IP 的网络,可以实现不同网络间的无缝互联。核心网独立于各种具体的无线接入方案,能提供端到端的 IP 业务,能同已有的核心网和 PSTN 兼容。核心网具有开放的结构,能允许各种空中接口接入它;同时核心网能把业务、控制和传输等分开。采用 IP 后,所采用的无线接入方式和协议与核心网络(CN)协议、链路层是分离独立的。IP 与多种无线接入协议相兼容,因此在设计核心网络时具有很大的灵活性,不需要考虑无线接入究竟采用何种方式和协议。在 4G 中主要采用全分组方式 IPv6 技术取代 IPv4 协议,IPv6 具有许多的优点,如有巨大的地址空间,支持无状态和有状态两种地址自动配置的方式,能够提供不同水平的服务质量,以及更具有移动性。

5. 软件无线电技术

所谓软件无线电(SDR)就是采用数字信号处理技术,在可编程控制的通用硬件平台上,利用软件来定义并实现无线电台的各部分功能,包括前端接收、中频处理以及信号的基带处理等。整个无线电台从高频、中频、基带直到控制协议部分全部由软件编程来完成。其核心思想是在尽可能靠近天线的地方使用宽带的"数字/模拟"转换器,尽早地完成信号的数字化,从而使无线电台的功能尽可能地用软件来定义和实现。其具有灵活性较高、集中性强及模块化等特点。

6. 移动定位技术

定位是指移动终端位置的测量方法和计算方法。它主要分为基于移动终端定位、基于移动网络定位以及混合定位 3 种方式。在 4G 系统中,移动终端可能在不同系统(平台)间进行移动通信。因此,对移动终端的定位和跟踪,是实现移动终端在不同系统(平台)间无缝连接,以及系统中高速率、高质量移动通信的前提和保障。

7. 多用户检测技术

多用户检测技术的核心思想是利用均衡技术,将来自其他用户的 ISI 当作MAI 而一并消除。多用户检测技术充分利用造成多址干扰的所有用户信号信息对单个用户的信号进行检测,从而具有优良的抗干扰性能,解决了远近效应问题,降低了系统对功率控制精度的要求,因此可以更加有效地利用链路频谱资源,显著地提高系统容量。

3.5.2 第四代移动通信系统面临的问题

任何一代通信技术投入使用,都必然需要对于现存的移动通信设施进行一定的改变,这必将涉及一系列的问题,会遇到技术和市场等很多方面的挑战[5]。

1. 无线系统中的移动性管理

移动性通常是指在不同网段之间漫游的移动用户。当系统为不同网络提供不包含数据链路层技术的网络层移动性支持时,数据链路层的移动性支持通常限制在同类网络中。因此,网络层移动性是第四代移动通信系统中移动性管理的关键。

2. 核心网的移动 IP 技术

移动 IP 代表了一种简单且可以升级的全球移动性方案。对于第四代移动通信系统,移动 IP 技术缺乏实时位置管理和快速无缝切换机制的支持。另外,移动

IP 环境下的 QoS 所使用的综合业务/RSVP 技术和区别型业务技术也是有待解决的重要问题之一。另外，这些技术在移动 IP 平台上并不是最优的。所以必须综合上述技术，在新的网络环境中提出新的方法来有效地保证移动 IP 环境下的 QoS。

3．基站的设计和管理

在未来的移动通信系统中，面对更高要求的用户服务，要想实现网络无缝覆盖，基站的设置需要更加灵活、密度更高，并要求基站简单且成本低，易于控制和管理。

3.5.3　光与无线网络系统在第四代移动通信系统中的应用概述

目前移动通信系统都基于蜂窝结构，每个蜂窝都有一个基站，移动台通过其所在蜂窝的基站接入移动通信网络[6-8]。理论上来说，通过不断地将蜂窝细分，不断地缩小蜂窝的半径可达到无限制地增大系统容量的目的。但是，在实际情况中，蜂窝数量不断增加和单个基站容量的上升势必会导致通信系统的成本提高；而有限的频带资源和蜂窝系统采用的频分复用技术将导致区间干扰；另外，CDMA 蜂窝系统由于地址码间互相关性不理想，具有自干扰性。当蜂窝半径缩小时，干扰增强，严重制约了系统容量，同时所需要的基站数量也随之增加。当蜂窝半径缩小为原来的 1/2 时，所需的基站数量是原来的 4 倍，这将导致切换频率大大增加，系统复杂度和成本也上升。

ROF 技术将传统基站集成的天线改为分布式结构，天线与基站之间使用光纤连接，因此可以实现天线延伸到较远的地方。基站端负责实现处理和控制功能，远程天线单元（RAU）负责收发射频信号和进行光电转换。远程天线单元包括天线、双工器、放大器、光电转换收发器。光纤链路通过直接传送模拟射频信号来降低 RAU 的复杂度。

所以，ROF 技术引入 4G 无线接入网，使得基站的功能简化，传统基站由集成模式变为分布式结构，基站与中心站之间使用光纤连接，使得天线可以随意延伸到较远的地方，减少网络盲区。因此，系统充分体现了将光纤作为低损耗、高带宽的传输介质的优势，为基站与中心站之间提供可靠的信号传输，并且可以在一根光纤上实现多种服务，增强了基站布置的灵活性和延伸性[9-10]。另外，由于天线结构变为分布式结构，可以有效地均匀下行发射功率并缩短移动台和天线间的距离，从而减小上行发送功率。这样可以选取成本低、体积小、射频功率低的远程基站来实现大范围的通信，加大网络的覆盖范围，提高频谱效率，增大系统容量。系统部署由此变得更加简单且灵活。

ROF 为低成本、大容量、数量大的基站提供了一个经济合理的解决方案。它将传统的 BS 结构改为分布式结构，BS 与中心站（CS）之间用光纤传输高频的射频信号,把复杂的处理和控制功能在 CS 中实现,减轻了基站的负担,远程 BS 只需要负责射频信号的收发和光电转换,这样使得基站的成本降低,使通过增加基站数量来实现密集覆盖成为可能。

另外,ROF 的超宽带和协议透明特性,使得链路可以支持各种无线系统,而不管它们的频段是多少。利用 ROF 可在热点地区实现多种无线业务的传输,如 3G、WLAN、DMB(Digital Multimedia Broadcasting,数字多媒体广播)和 4G。

在大城市为引入新服务而安装的光纤系统可用于支持未来宽带无线网络的发展。为了充分利用现有基础设备,ROF 技术必须能够融合当前的波分复用技术(WDM),将 WDM-PON(Passive Optical Network,无源光网络)应用到 ROF 网络中。另外波分复用给每一个蜂窝都提供了灵活路由。在升级光纤无线网络容量时,不论是由于添加新的基站、引入新的服务、不同的数据传输速率还是由于提高服务质量而引起的光与无线系统网络容量的升级,利用 WDM 技术可以方便灵活地实现升级。

3.6　本章小结

本章对光与无线网络系统进行了简单介绍,并对通信系统的性能参数进行了定义,最后介绍了光与无线网络系统在 4G 移动通信系统中的应用。光与无线网络系统由于其独特的优势,在未来大规模通信挑战中将具有良好的应用前景。

3.7　本章参考文献

[1]　王建峰,黄国策,康巧燕.4G 移动通信系统及其与 3G 系统的比较研究[J].西安邮电学院学报,2006(5):13-17.

[2]　赵亚男,张禄林,吴伟陵.第四代移动通信系统关键技术研究[J].无线电工程,2005(2):14-16.

[3]　李世博.第四代移动通信系统的关键技术及网络结构[J].广西通信技术,2007(4):13-16.

[4]　刘丽,刘世忠,郭燕飞.4G 通信系统核心技术 MIMO-OFDM 研究[J].移动通信,2009,33(Z1):132-136.

[5]　张献英.第四代移动通信技术浅析[J].数字通信世界,2008(6):71-74.

[6]　Yang H,Zhang J,Ji Y F, et al. C-RoFN: multi-stratum resources optimization for cloud-based radio over optical fiber networks[J]. IEEE Communications Magazine,

2016,8(54):119-125.

[7]　Yang H, Zhang J, Ji Y, et al. Experimental demonstration of multi-dimensional resources integration for service provisioning in cloud radio over fiber network [J]. Scientific Reports, 2016, 6(1):30678.

[8]　Yang H, Zhao Y, Zhang J, et al. Multi-stratum resource integration for OpenFlow-based data center interconnect（invited）[J]. Optical Communications and Networking, IEEE/OSA Journal of, 2013, 5(10): 240-248.

[9]　Yang H, Bai W, Yu A, et al. Performance evaluation of software-defined clustered-optical access networking for ubiquitous data center optical interconnection[J]. Photonic Network Communications, 2017, 34(1): 1-12.

[10]　Yang H, Zhao Y L, Zhang J. Multi-stratum resources resilience in software defined data center interconnection based on IP over elastic optical networks[J]. Phototonic Network Communication, 2014 (28):58-70.

第4章　光与无线网络组网架构与控制机制

4.1　光与无线网络组网架构设计

4.1.1　光与无线网络时敏性问题概述

随着网络服务种类的不断增多,时敏业务(TSS)出现并带来了新的挑战。时敏业务是一种对时间属性敏感的业务类型,需要超低的端到端时延保障[1]。在 5G 及后 5G 时代的诸多场景(例如机器人、无人驾驶汽车)中,时敏业务甚至提出了小于 1 ms 的极低端到端时延需求[2-3]。然而在传统的通信网络中可实现的标准通信时延并不能满足时敏业务的超低时延需求。光与无线网络作为支撑 5G 及后 5G 时代前传网的重要技术,在降低网络端到端时延方面面临着巨大的挑战,时敏性优化技术已成为发展光与无线网络需要解决的关键问题。

无源光网络(PON)作为被广泛部署的光接入网络,为用户提供了一种全光接入方案。PON 与汇聚环形光网络互联已成为前传网的典型组网形式,同样面临着需要满足时敏业务延时需求的问题。在 PON 架构中,光线路终端(OLT)不仅是 PON 的控制中心,同时也是连接光汇聚层的网关。业务流经 OLT 时,需要经过一次光电光(O/E/O)转换。同时 PON 的上行传输采用了轮询机制,业务的传输最少需要等待一个轮询周期。上述两方面因素将导致 PON 中业务的传输时延大于 1 ms[3],不能满足 5G 中的移动前传网等现实网络场景中时敏业务对于网络时延的需求[4]。因此,通过去除 OLT 中的 O/E/O 转换和轮询过程来建立全光化网络将成为降低网络端到端时延的重要突破口。因此有必要构建去 OLT 化的混合接入汇聚光网络[5-6],通过去除 OLT,可以建立起贯穿 PON 与汇聚环形网络的全光链路,并解除轮询机制对全部业务的限制,由此可以有效地降低时敏业务的传输时延。

一方面,由于去 OLT 化会导致 PON 网络控制功能缺失,所以去 OLT 化的混合网络需要有效的控制方法。SDN 具有可编程性与灵活中心化控制的优势,不但可以弥补 PON 中控制功能的缺失[7-12],还可以通过其中心化的调度视角,更有效地分配混合网络中的复杂资源[13-14]。

另一方面,低时延交换与传输是全光网络中的重要需求。OBS 技术结合了其他光交换技术的优势,可以提供大容量、高速率的光交换与传输[15]。因此,在混合全光网络中引入 SDN 驱动的 OBS 技术[16-18],可以为时敏业务提供灵活高效的控制[19]与低时延的光交换和传输。

因此,面向业务时敏性需求,本章提出了一种光与无线网络去 OLT 化低时延组网方法,面向 PON 与汇聚环形光网络互联的光与无线网络场景,为时敏业务提供超低的端到端时延保障。首先,本章提出了一种基于 SDN 编排的去 OLT 化的混合接入汇聚光网络(De-optical-line-terminal hybrid Access-aggregation Optical Network,DAON)架构,去除了 OLT 来实现全光链路,并引入了 SDN 驱动的 OBS 技术来提供低时延的光交换。然后,本章设计了网络设备的功能架构与 OpenFlow 扩展协议来实现网络的有效控制。最后,本章基于服务等级协议(Service Level Agreement,SLA),为上下行传输设计了 3 种传输模式、汇聚策略以及资源分配策略。

4.1.2　光与无线网络的混合接入汇聚光网络架构设计与链路状态分析

本节面向光与无线网络中 PON 与汇聚环形光网络互联场景的高时延问题,提出了一种去 OLT 化网络架构,并分析了该架构下的链路状态及其提升时延特性的优势。

在现存架构中,汇聚环形光网络和 PON 是光与无线网络中最常见的光组网方案。汇聚环形光网络与 PON 互联的网络架构如图 4-1 所示。汇聚环形光网络包含核心路由器和边缘路由器。核心路由器通常为汇聚路由器(Aggregation Router,AGR),边缘路由器通常为波长选择开关(Wavelength Selective Switch,WSS)。其中,AGR 的功能为汇聚数据并连接核心网,WSS 的功能为光交换。常见的 PON 是一个通过光纤连接的树形网络,包含一个 OLT、一个分光器以及多个光网络单元(ONU)。其中,OLT 与 ONU 分别连接汇聚网络与用户,为终端用户提供光接入服务。OLT 作为网关被部署在两个光网络的边缘,负责 PON 的管理、控制、协议转换以及数据汇聚。OLT 中的 O/E/O 转换与轮询过程存在于两个全光网络之间,对于网络时延性能有着明显的影响。

基于 SDN 驱动的 PON[20-22]中的控制器可以实现大部分与 OLT 相似的控制功能,这极大地弱化了 OLT 在此类网络中的重要性,使得去 OLT 化成为可能,并有望成为实现更低端到端时延的有效解决方案。本章所提出的 DAON 架构如图 4-2 所示,分为数据层与控制层两个层面:数据层包括支持 OpenFlow 与 OBS 技术的 ONU(OpenFlow and OBS enable ONU,OFBS-ONU)、支持 OpenFlow 与 OBS

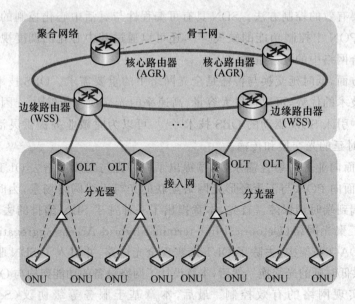

图 4-1 普通 PON 与汇聚环形光网络互联架构

技术的 WSS(OpenFlow and OBS-enabled WSS,OFBS-WSS)、支持 OpenFlow 与
OBS 技术的 AGR(OpenFlow and OBS-enabled AGR,OFBS-AGR)以及分光器;控
制层包括一个 SDN 控制器。DAON 架构为基于时分复用与波分复用混合的灵活
PON(TDM/WDM Flex-PON)[20-22]与汇聚环形光网络互联架构的进一步优化设
计。其中,TDM/WDM Flex-PON 为最有希望实现的下一代光接入方案,汇聚环
形光网络为最常用的汇聚光网络方案。DAON 架构中作为网关的 OLT 被移除,
由此建立了一个混合光网络,同时,引入 SDN 编排来补偿去 OLT 化导致的网络控
制功能缺失。

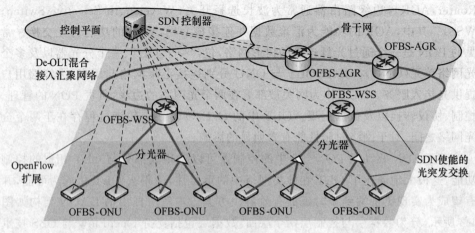

图 4-2 DAON 架构

在数据层,去 OLT 化的 PON 直接通过光纤连接到 OFBS-WSS 上,以此在 OFBS-ONU 与 OFBS-AGR 间构筑全光链路,网络架构也变成了包含一个环与树形光纤链路的混合型光网络。为了避免数据冲突,在数据层的汇聚部分采用 WDM,而在接入部分采取 WDM 与 TDM 混合的复用方式。

人们在控制层部署了 SDN 控制器,通过扩展 OpenFlow 协议来控制 DAON 架构下的全局网络设备。SDN 控制器部署并集成到 DAON 地理中心的 OSBF-WSS 中,以最大限度地减少信令时延差。SDN 控制器通过现有光纤中的安全通道与所有其他的 OFBS-ONU、OFBS-WSS 和 OFBS-AGR 连接。安全通道占用一部分波长,与数据通道在同一根光纤中共存。在 OFBS-WSS 和 OFBS-AGR 中采用基于 SDN 的 OBS 技术来实现光交换功能。

通过扩展 DAON 中每一个设备的功能模块,可以有效地支撑 SDN 编排与 OBS 技术。SDN 编排不但能消除不统一的网络协议带来的融合阻碍,为全局提供统一的控制与管理功能,还能简化 OBS 的控制过程[23]。

DAON 中的链路状态相对于传统的接入汇聚网络发生了一定变化,并在传输方面显示出了巨大优势。图 4-3 对比了 DAON 与传统的接入汇聚光网络中的链路状态。在传统的光与无线网络架构中,接入网与汇聚网是完全相互独立的,且每个网络都通过 WSS 和分光器等全光设备支持透明化传输。ONU、OLT 与 AGR 是网络中的网关以及汇聚节点。在这些设备中的静态随机存取存储器(Static Random-Access Memory,SRAM)被用来存储与汇聚业务数据,所以存在 E/O 或者 O/E/O 转换过程。由 OLT 中 O/E/O 转换所导致的时延已经成为传输过程中不可忽略的一部分。

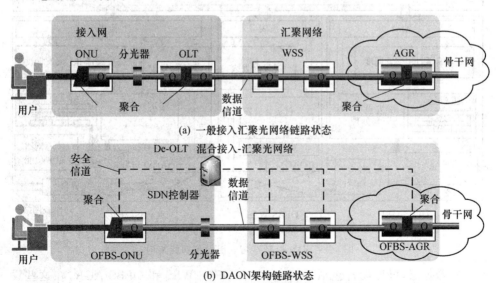

(a) 一般接入汇聚光网络链路状态

(b) DAON架构链路状态

图 4-3　一般接入汇聚光网络与 DAON 架构链路状态对比

DAON 为一个由 SDN 控制器集中控制的混合网络。数据层的设备与 SDN 之间的交互通过安全信道来实现。为了弥补 OLT 缺失带来的不良影响,OLT 的控制管理功能被迁移到了 SDN 控制器上,并且增强了 OFBS-ONU 与 OFBS-AGR 上的汇聚能力。当业务流通过 DAON 传输时,基于 SDN 编排可以在 OFBS-ONU 和 OFBS-AGR 之间构建全光通信链路。由于消除了 OLT 中的 O/E/O 转换延迟和轮询延迟,DAON 对时敏业务的服务质量将大大提高。因此,与传统的接入汇聚光网络相比,DAON 特有的链路状态可以实现更低的通信时延。

4.1.3 软件定义控制器与底层可编程设备功能模块设计

DAON 的正常运转需要控制层与数据层的相互协作。SDN 编排与 SDN 驱动的 OBS 技术是 DAON 重要的支撑技术。为了将这些技术有效地应用于 DAON 中,本小节设计了 SDN 控制器与底层设备的扩展功能架构,如图 4-4 所示。

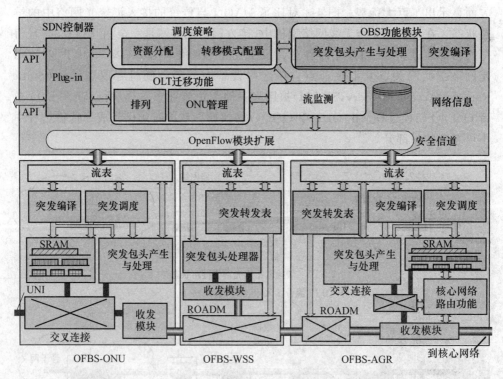

图 4-4　SDN 控制器与底层设备功能架构

在数据层,可控设备包括 OFBS-ONU、OFBS-WSS 和 OFBS-AGR,在这些设备中均设有流表、突发装配、突发调度、突发包头生成与处理、SRAM、交叉连接以及 Tx/Rx 等模块。流表是支撑 SDN 编排的重要模块,SDN 控制器可以通过安全通道利用扩展的 OpenFlow 协议与每个设备中的流表进行通信。控制器的决策被转译成有序的可配置生命周期的规则与行为,其他模块则按照流表中配置好的规则与行为工作,因此,通过添加、修改和删除底层设备流表中的规则与行为,SDN 控制器可以有效地控制可编程的网络设备[24],实现全网的集中式控制。在 DAON 中 OBS 技术可以将包头与数据分离,因此 DAON 主要包括两种传输载体,一种是突发包头(Bursty Header Packet,BHP),另一种是突发数据包(Bursty Data Packet,BDP)。SRAM 主要负责根据业务的服务等级将 BDP 缓存到不同的队列中。突发包头产生与处理模块负责为 BDP 生成 BHP,可以接收并处理到达的 BHP。突发装配模块负责 BDP 与 BHP 的 OBS 装配。突发调度模块根据节点流表为 BDP 与 BHP 分配资源。OFBS-ONU 通过用户网络接口(User Network Interface,UNI)与网络用户相连接。Tx/Rx 模块是连接光域的接口。交叉连接模块则为其他模块提供连接功能。

OFBS-WSS 通过为 BDP 建立转发光连接实现光交换功能,因此,OFBS-WSS 包括流表、突发转发表、突发包头处理、Tx/Rx 与可重构光分插复用器(Reconfigurable Optical Add-Drop Multiplexer,ROADM)。突发包头处理模块将 BHP 携带的控制信息提供给流表,突发转发表则根据流表记录控制 ROADM 来为 BDP 构建转发链路。ROADM 负责将承载数据信道与安全信道的光波添加到传输光纤中或者从中分离。

OFBS-AGR 不仅是连接核心网络的网关,也是核心网的边缘路由器,主要实现汇聚、光交换与路由功能。OFBS-AGR 包含流表、突发装配、突发调度、突发包头生成与处理、SRAM、交叉连接、Tx/Rx、ROADM 以及核心网络路由等模块,与 OFBS-WSS 和 OFBS-ONU 中的同名模块具有相同的功能。因为一个汇聚网络可能会有多个网关连接到核心网络且网络架构通常是一个环形网络,因此需要 ROADM 与突发转发表将光信号转发至正确节点。此外,OFBS-AGR 作为 DAON 中的源节点或者目的节点,必须配备突发装配、突发调度、突发包头生成与处理模块来实现 BHP 与 BDP 的生成、装配、调度与处理。此外,OFBS-AGR 作为核心网络的边缘节点,包含具备核心网络路由功能的模块。

在控制层,增强型 SDN 控制器集中控制整个 DAON,并扩展出增强的 OpenFlow、流监视、OBS 功能、调度策略、OLT 迁移功能、插件和网络信息数据库等模块。增强的 OpenFlow 模块通过扩展 OpenFlow 协议来提供与数据层网络设备中流表的交互式通信接口。流监视模块监视统计数据层设备流状态,并将修改信息通过增强的 OpenFlow 模块传递给底层设备中的流表。OBS 功能模块包含突发装配和突发包头生成与处理模块,由此可以在 SDN 控制器中生成、装配和处理BHP。由于 DAON 中的 SDN 控制器支持对 OBS 功能的控制,因此 DAON 可以支持更灵活、更多样化的控制模式设计。调度策略模块具有资源分配和传输模式配置等功能,可以根据流监视器提供的流状态信息,为资源分配与传输模式配置做出决策,以此来保障网络业务的服务质量。为了补偿 OLT 功能的缺失,控制器中的 OLT 迁移模块包含 ONU 测距、ONU 管理以及其他 OLT 的管控功能,其工作原理与工作过程与 PON 中的 OLT 相似。插件模块则为网络管理者提供应用程序接口(API),以此来支撑有效的扩展与自定制服务。

4.1.4 软件定义的协议扩展

在 DAON 中,为了实现 SDN 控制器对设备的有效控制,对 OpenFlow 协议中的流条目做了扩展,如图 4-5 所示。流条目被扩展为规则(rule)、行为(action)与统计(stats)。因为 DAON 具有光传输特性且 OBS 技术被应用于光交换节点,所以其相关要素都被扩展到了流表条目中。在 DAON 中,流条目中的规则由输入/输出端口与 DAON 标签组成,包含 DAON 网络的主要特征(例如保护时间、时间槽、带宽、中心频率、频谱带宽、偏移时间等)。流条目中的主要动作包括交换、添加、丢弃、删除和配置。DAON 中的全部控制功能都可以通过行为与规则相结合来实现。而条目中的统计信息可以协助 SDN 控制器监视流状态并为调度策略提供有效信息。

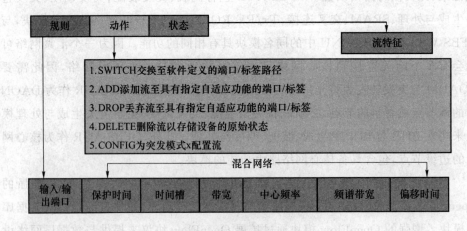

图 4-5 DAON 中 OpenFlow 协议的扩展

4.2　面向低时延的光与无线网络组网研究

4.2.1　基于服务等级区分的业务适配方法

为了满足多种网络业务的服务质量要求,本节提出了 3 种传输模式,并在此基础上基于 SLA 设计了汇聚策略与资源分配机制。

在 DAON 中,根 据 DiffServ 框 架[25],将业务分为 3 个等级:快速转发(Expedited Forwarding,EF)业务、保证转发(Assured Forwarding,AF)业务以及尽力而为(Best Effort,BE)业务。EF 业务为高优先级业务,主要为时敏业务等对时间敏感的网络业务。AF 业务为中间优先级业务,通常需要带宽保障,如单向音频视频业务。而 BE 业务为最低优先级业务,不需要延时、带宽或帧丢失等方面性能的保障。

考虑不同的业务需求,本小节提出了 3 种控制 DAON 的流程模式,以保证上行和下行传输的服务质量(Quality of Service,QoS)。这 3 种模式分别是轮询模式、请求模式以及突发模式,如图 4-6 所示。

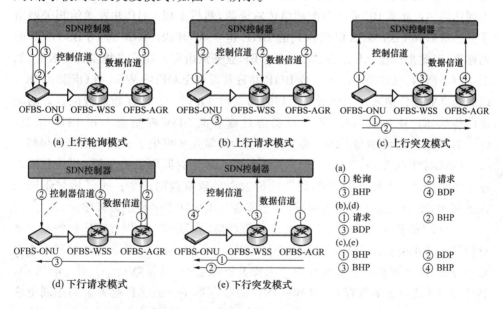

图 4-6　DAON 架构下的控制交互流程

在上行方向，BE业务利用轮询模式进行传输，如图4-6(a)所示。DAON中的SDN控制器首先周期性地轮询每一个OFBS-ONU，每一个OFBS-ONU都向控制器上报缓存中待传输BE业务所需的传输资源需求。在接收全网的需求报告后，控制器为每一个OFBS-ONU都分配带宽并将BHP发送到设备中来更新全网的流表。最后每一个OFBS-ONU都与路由器根据更新的流表内容来发送和处理BE业务，以此完成对BE业务的有效适配。请求模式服务于AF业务，其主要流程如图4-6(b)所示。当一个AF业务流到达OFBS-ONU时，OFBS-ONU会生成一个请求并发送至控制器。然后控制器为这个业务分配网络资源，并生成BHP发送到与该业务传输相关的网络设备中，然后根据BHP信息修改流表，最后这些网络设备按照更新后的流表为此AF业务提供相应的传输服务。EF业务流通过图4-6(c)所示的突发模式利用网络预留资源进行传输。为了满足EF业务流的延时需求，OFBS-ONU代替控制器生成BHP，并将BHP利用安全信道发送给传输路径上的节点设备。每个设备在接收BHP后，都会配置通信链路，并利用预留的网络资源传输EF业务，同时将自身配置信息与状态通过流表传给控制器，然后，控制器更新网络状态记录与预留资源的占用信息。在突发模式下，控制器不会直接控制网络数据层设备，而是通过收集BHP与流表信息来实时监控并记录底层设备的状态信息。

在下行方向，AF与BE业务流都通过请求模式进行传输，如图4-6(d)所示。当一个AF或者BE业务到达DAON时，OFBS-AGR向控制器发送请求，控制器为到达的AF或者BE业务分配网络传输资源，然后生成BHP并发送给相关网络设备。最后，OFBS-WSS根据收到的BHP建立从OFBS-AGR到OFBS-ONU的光连接，以此来传输AF或者BE业务。EF业务流由突发模式来提供传输服务，如图4-6(e)所示。OFBS-AGR生成BHP并将其发送至OFBS-WSS与OFBS-ONU，以此建立业务传输通道。然后在偏移时间以后，OFBS-AGR开始通过配置好的光链路传输EF业务流，同时各个设备通过流表向SDN控制器上传BHP信息。DAON通过全光传输与网络资源急速配置为时敏业务提供了有效的低时延保障。

DAON中的去OLT化会导致网络中接入部分的汇聚能力下降，并且在网络业务负载较轻的条件下频繁的周期性传输会导致资源的浪费。为了满足不同的QoS需求，基于上述3种传输模式，本小节进一步设计了一种汇聚策略。

在此汇聚策略中，由于EF业务有较为严格的时延要求，因此EF业务在上下行传输上采用突发模式不需要等待业务汇聚。而AF与BE业务的延时需求相对较为宽松，因此需要汇聚这两种业务来提升资源效率，以保障QoS。在上行方向，到达的AF业务将被缓存在OFBS-ONU的缓存器中。当AF业务量到达阈值或者业务等待时间到达最大汇聚时间时，数据汇集完成，此时才会触发请求模式来传输缓存中的全部AF业务。对于BE业务，轮询模式具有天然的可调节汇聚功能，可以通过动态调整轮询周期来实现对 BE 业务的不同程度的汇聚。在下行方向，AF 与 BE 业务通过请求模式传输，将采用与上行传输 AF 业务相同的汇聚方法，并且业务的汇聚只针对目的节点为同一 OFBS-ONU 的 AF 和 BE 业务。

　　基于上述汇聚策略，传输模式的触发有两种类型：一种是业务流到达，另一种是计时器触发。业务流到达可能触发突发模式或者请求模式，EF 业务流到达可以触发突发模式，或者当利用请求模式传输的业务流到达时，缓存中该业务总量达到阈值，这种情况也同样会触发请求模式。而计时器触发则可以激活轮询模式与请求模式，当时间到达周期轮询时间时会触发轮询模式，或者当时间到达请求模式的最大汇聚时间时也会触发请求模式。图 4-7(a) 与图 4-7(b) 分别描述了上行 OFBS-ONU 的汇聚策略和下行 OFBS-AGR 的汇聚策略。

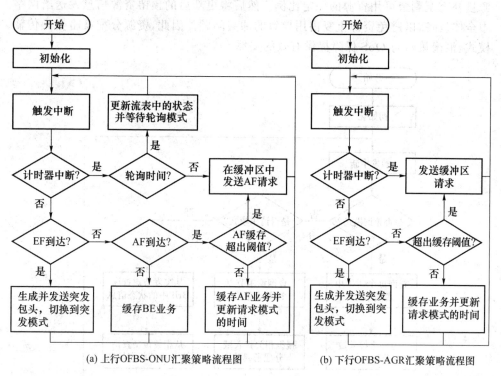

(a) 上行OFBS-ONU汇聚策略流程图　　　　　(b) 下行OFBS-AGR汇聚策略流程图

图 4-7　DAON 中的汇聚策略

　　DAON 包括接入部分与汇聚部分，接入部分又分为多个 PON 域。在一个 PON 域内，多个 OFBS-ONU 共享一个 PON 域内的网络资源，在汇聚部分，多个 PON 共享网络资源。为了避免数据冲突并保障业务的 QoS，本小节提出了一种资源分配机制，其流程图如图 4-8 所示。在该分配机制中，汇聚部分光网络利用不同的子载波承载不同 PON 域的业务流，在接入部分，则利用不同的子载波或者时隙来传输不同于 OFBS-ONU 的业务流。在全局网络资源部署方面，为了满足时敏业务的低时延需求,需要为突发模式预留一部分的网络资源,然后将剩余资源按业务预测的比例动态地分配给其他传输模式。对于每一种传输模式,资源分配方法也各不相同。当轮询模式被激活时,控制器询问每一个 OFBS-ONU 的流表状态,以此获得每个 OFBS-ONU 缓存中的业务缓存信息,然后为每一个 PON 域分配频谱资源,为每一个 OFBS-ONU 分配子载波与时隙资源。当请求模式被激活时,控制器向请求节点询问状态信息,然后控制器根据请求分配子载波与时隙资源。在突发模式中,由于源节点直接使用预留资源传输 EF 业务流,所以控制器并不需要为 EF 业务流分配资源。由于全部 OFBS-ONU 共享为高优先级业务预留的资源,所以当一个 EF 业务流占用一部分预留资源时,相关设备会将状态信息通过 BHP 报告至控制器。为了避免预留资源的短缺,控制器会动态调整预留资源量,将预留资源量补充至剩余可用资源的一定比例。然后将更新后的预留资源信息发送给网络中全体设备,以避免资源重复占用导致的冲突问题。因此,资源分配策略会为传输模式、汇聚策略与 QoS 保障提供有效的支撑。

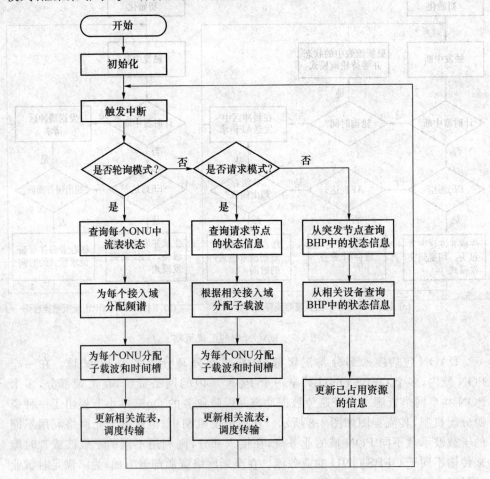

图 4-8 3 种模式资源分配过程流程图

4.2.2　光与无线网络低时延组网仿真系统

网络仿真参数的设置如表 4-1 所示。上下行方向的 EF、AF 和 BE 3 种业务流到达网络的过程均遵循泊松分布。EF 业务的数据包大小为固定的 70 字节,其他业务为相同负载的 AF 与 BE 业务,其数据大小为 64～1 518 字节的随机值。自相似的 AF 与 BE 业务符合帕累托源模型,在此模型中业务由 on/off 产生,业务的开启时间符合帕累托分布 $f(x)=aba/xa+1$,其中的赫斯特参数为以太网业务的标准值 0.8。在 DAON 网络计算延时的过程中需要考虑一个额外的信令时延与控制器处理时延。由于控制器处理时延相对于信令时延非常小[26],在仿真过程中将其设置为一个较小的恒定值。SDN 控制器与其他网络设备之间存在链路距离,所以通过一个线性加权来计算额外的信令时延。最后,额外的信令时延与控制器处理时延都被添加到总时延的计算中。

表 4-1　网络仿真参数

参　数	值
最大物理距离	10 km
最大可用带宽	100 Gbit/s
波长数	25
轮询周期	2 ms
SDN 控制器相应时延	0.1 ms
OBS 偏移时间	0.01 ms
OLT 处理时延	0.3 ms
负载比例(EF∶AF∶BE)	1∶2∶2

4.2.3　光与无线网络低时延组网有效性验证

为了验证 DAON 网络的有效性,在仿真中需构建一个包括 8 个 OFBS-ONU、2 个 OFBS-AGR 和 2 个 OFBS-WSS 的 DAON 网络。仿真结果将与一个由一个常见的汇聚光网络(2 个 WSS 和 2 个 AGR)和两个常见的 PON(每个包含 1 个 OLT 和 4 个 ONU)组成的一般性网络(Conventional Network,CN)做对比。

图 4-9 和图 4-10 显示了 CN 与 DAON 中不同业务的上下行的平均时延,并展示了 DAON 的低时延性能。可以看出随着负载的提升,只有在上行方向的 BE 业务的平均时延上升明显,这是由于 BE 业务在网络中的优先级最低,而高优先级业务不论是在 DAON 中还是在 CN 中都可以占用 BE 业务的传输资源,因此,只有

BE 业务的时延会随着业务负载的改变而发生变化。值得注意的是,DAON 中 AF 业务在低负载情况下比高负载情况下有更高的延时,这是由于 AF 业务依靠请求模式传输,请求模式的触发有两种情况,一种是到达了 AF 业务的最大汇聚时间,另一种是缓存中的业务量达到了阈值。在低负载情况下,由于负载太小,在最大汇聚时间内,缓存的业务量很难达到阈值,所以 AF 业务不得不等待到最大汇聚时间才能触发传输。而在高负载情况下,随着业务到达率的增加,缓存的业务量到达阈值的时间要早于最大汇聚时间,这种情况下传输通常是由缓存业务量到达业务量阈值触发的。AF 的等待时间要小于最大汇聚时间,因此 AF 的平均时延随着负载的增加先会出现一段下降。由于采用了不同的传输模式与服务优先级,DAON 中的 EF 业务平均时延要明显低于其他业务。相对于 CN 中的时延性能,相同的业务尤其是 EF 业务在 DAON 中会有更低的平均时延。这是由于在 DAON 中节省了 O/E/O 转换时延,而在 CN 中业务需要通过轮询才能进行传输,业务不得不在缓存队列中等待授权时间的到来,由此导致了较高时延。另外,在轮询过程中各个等级业务混传,高等级业务会占用低等级业务的资源,从而导致了低等级业务更差的时延性能。然而在 DAON 中,由于采用了以 OBS 为基础的突发模式与请求模式,高优先级业务不需要等待一个轮询周期来传输,而是能直接得到响应。由于减少了与高等级业务的竞争,BE 业务也实现了更低的时延性能。在下行传输过程中,DAON 只节省了 O/E/O 时间,其延时性能只有微量的提升,但包含时敏业务的 EF 业务流依然保持了极低的时延。

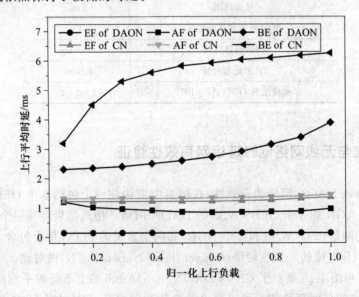

图 4-9　CN 与 DAON 的上行平均时延

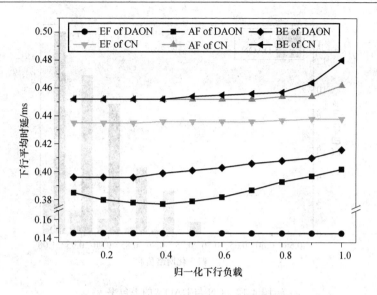

图 4-10　CN 与 DAON 的下行平均时延

图 4-11 与图 4-12 比较了 DAON 与 CN 的标准化最大吞吐率与丢包率。随着业务负载的增加,标准化最大吞吐率增加并逐渐出现丢包,可以发现 DAON 在重负载下具有更好的传输性能。CN 的丢包主要出现在上行传输过程中,这种情况是由接入业务的突发特性与 CN 的轮询过程导致的。ONU 由于轮询周期的等待时间使大量的业务数据在 ONU 缓存,而 ONU 的缓存空间有限,为了保障系统的稳定,过多业务到达将会被丢包。而在 DAON 中,EF 与 AF 业务在 OFBS-ONU 中有非常低的排队时延,更多的缓存空间可以被释放,来服务于其他业务,所以 DAON 在高负载情况下有更高的带宽利用率与更低的丢包率。

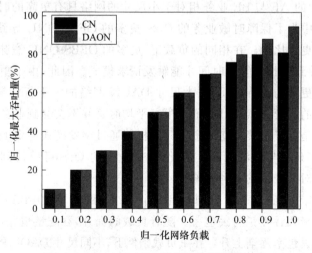

图 4-11　CN 与 DAON 的标准化最大吞吐量

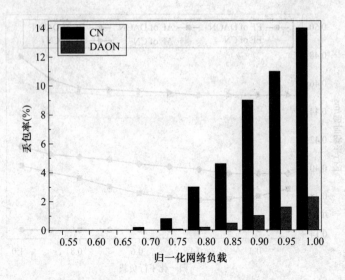

图 4-12　CN 与 DAON 的丢包率

4.2.4　网络规模对网络性能的影响

本小节进一步评估了不同网络规模下 DAON 网络的性能,因此分别建立了包含 8 个、32 个和 64 个 OFBS-ONU 的 3 个仿真场景,对应的 OFBS-WSS 数量分别是 2、4 和 8,对应的 OFBS-AGR 数量均为 2。

图 4-13 和图 4-14 对比了不同网络尺寸条件下上下行不同业务的平均时延。随着业务负载的增加,在不同规模的网络中延时性质具有相同的变化趋势。在大尺寸 DAON 中的 AF 与 BE 业务相对于小尺寸的网络具有更高的时延。这是由于在大规模网络中为了保障时敏业务的 QoS,更多的 OFBS-ONU 导致 EF 业务的预留资源占据了更大比例。在相同的负载下,更多的 OFBS-ONU 意味着更低的业务到达率,这将导致更长的等待时间才能触发请求模式。因此,由于更少的可用资源与请求模式中更长的等待时间,在大尺寸 DAON 网络的上下行传输中,AF 与 BE 业务具有更高的时延。然而,EF 的上下行平均时延并不会受到业务负载与网络尺寸的影响。这是由于汇聚策略与资源分配机制通过突发模式与资源预留的方式为 EF 业务提供了延时与资源保障。因此,时敏业务的 QoS 可以得到有效保障且避免了网络规模对其产生的不利影响。

图 4-15 和图 4-16 对比了分别具有 8 个、32 个和 16 个 OFBS-ONU 的 DAON 网络的标准化最大吞吐量与丢包率。随着负载的提升,吞吐量也相应增加,丢包情况随之出现且丢包率逐渐上升。在重负载条件下,不同尺寸 DAON 的最大吞吐量与丢包率也各有不同。这是由于更多的 OFBS-ONU 导致了对于每一个 OFBS-ONU 的

预留资源增加以及控制信令的开销增多。因此,在大尺寸的 DAON 中,为了保障 EF 业务的 QoS,BE 业务的可用资源降低,导致了最大吞吐量下降并出现更多丢包。然而,DAON 在对高优先级业务的 QoS 提升这一优势上并不受网络尺寸的影响。

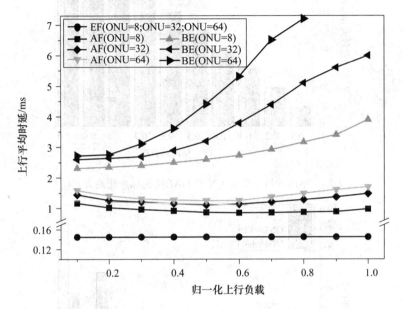

图 4-13　不同网络规模下 CN 与 DAON 的上行平均时延

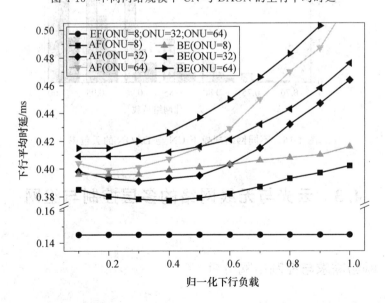

图 4-14　不同网络规模下 CN 与 DAON 的下行平均时延

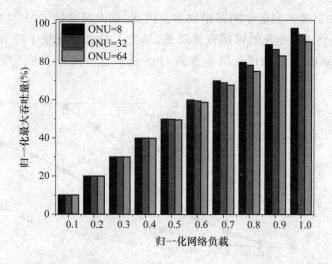

图 4-15　不同网络规模下 CN 与 DAON 的标准化最大吞吐量

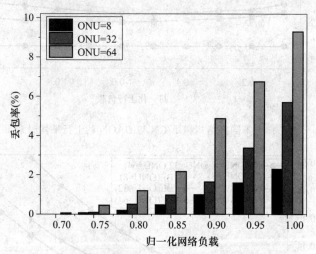

图 4-16　不同网络规模下 CN 与 DAON 的丢包率

4.3　云光与无线网络的多层控制与组网

4.3.1　网络需求与控制组网分析

在当前的光与无线网络中，数字信号在射频拉远头（Remote Radio Head，RRH）和基带处理单元（Base Band Unit，BBU）之间通用公共无线接口（Common

Public Radio Interface,CPRI)传输。数字化可以抽象和采样射频并将其转换为离散化的数字信号,从而提高无线传输时抵抗干扰的能力。然而,在用户需求发展的情况下,数字化信号的缺点变得越来越明显。首先,许多流量已经汇总到前传网中,而数字化信号会占用更大的带宽并为光网络带来巨大的开销。其次,数字化信号的传输需要在天线中部署模数转换模块。由于不同的数据压缩技术需要不同的带宽,因此运营商希望每个数据路径都具有恰当尺寸的频谱来提高频谱利用率。这意味着多类信号应采用不同的编码和解码方式来增加系统设计的复杂性。最后,由于无线信号数字化,无线资源和光网络资源已经分离并且在没有统一控制的情况下被控制在不同部分中。为解决这些问题,本节提出了一种在统一 SDN 编排下采用弹性光网络的云光与无线网络(Cloud-Radio over Fiber Network, C-RoFN)架构。

我们提出的解决方案分为 3 个步骤。首先,架构中的模拟信号可以减少由数字化引起的前传带宽。其次,由于使用弹性网格光网络连接 RRH 和 BBU,可以通过透明传输利用弹性频谱切换能力承载多速率或多类型业务,还可以利用避免由数字化引起的额外处理时间来满足低于毫秒的延迟要求。最后,由于电磁波理论中的物理本质相同,无线和光谱可以通过 SDN 编排以统一的方式集中控制和调度,以增强对端到端用户需求的响应。C-RoFN 在全局范围内有效优化射频、光谱和 BBU 处理资源,最大限度地提高无线覆盖范围,并通过垂直整合和水平融合模型满足服务质量(Quality of Service, QoS)要求。

4.3.2　云光与无线网络应用场景与架构设计

我们提出了 C-RoFN 架构来实现多层资源优化(Multi-Stratum Resource Optimization,MSRO)方案。C-RoFN 的组网模式在两个正交方向上扩展。一种模式是从资源形式的角度出发,在这种模式下,光纤和计算资源通过光网络互连,BBU 沿东西方向连接,这导致了跨纬度方向的异构资源跨层的互连和联网,被建立为跨层。另一种模式是从承载能力的角度出发,具有小粒度切换的相关实体可以被抽象为高层网络,如无线网络,而具有大粒度切换的相关实体应该被抽象为低层网络,如弹性光网络(Elastic Optical Network,EON)。多层网络沿纵向建立被称为多层。基于组网模式形成了该架构中的 3 个 C-RoFN 应用:RRH 之间的交互,例如协作无线;RRH 到 BBU 的业务;BBU 之间的资源调度,例如 BBU 间的虚拟资源迁移。

用于 MSRO 的软件定义的 C-RoFN 架构如图 4-17 所示。EON 用于互连 BBU,BBU 部署网络和处理层资源。分布式 RRH 互连并融合到 EON 中,EON 为射频(Radio Frequency,RF)信号分配更精细粒度的定制频谱。注意,C-RoFN 由 3 个层组成:无线资源、光谱资源和 BBU 处理资源。每个资源层都可以是用

OpenFlow 协议(OFP)定义的软件,并且由无线控制器(RC)、光网络控制器(OC)和 BBU 控制器(BC)以统一的方式控制。为了用 OFP 控制 MSRO 的异构网络,需要支持 OFP 的 RRH 和带 OFP 代理软件的带宽可变光交换机,它们分别称为 OF-RRH 和 OF-BVOS,如本章参考文献[26]中提出的内容。MSRO 在软件定义 C-RoFN 架构中的动机是双重的。第一,MSRO 可以强调 RC 和 OC 之间的合作,以克服多层叠加网络产生的互通障碍,并有效地实现垂直整合。第二,为了提供端到端的 QoS,多层资源可以通过控制器与水平合并的交互来合并,同时实现 EON 和 BBU 资源的全局跨层优化。

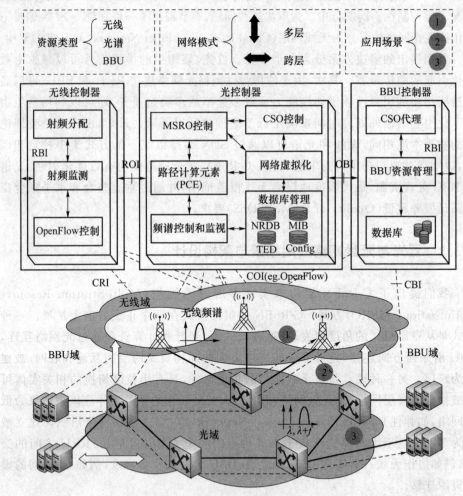

图 4-17　C-RoFN 架构和相应的网络模块

所提出的 EON 架构利用灵活的转发器和弹性光交换机来连接 RRH 和 BBU。在当前的环境中,由于昂贵的光网络模块,光网络装置如柔性应答器通常比电气设备昂贵得多。随着光网络元件技术的发展,弹性光网络模块的成本不断下降,特别是采用光子集成技术的光网络模块。这样有助于减少数字和模拟解决方案之间的成本差异。此外,由于光通信生态系统的不断扩展,市场规模可能会对设备制造的成本降低做出反应。注意,我们需要时间并且必须努力开发这个市场。弹性光网络器件的创新可以作为高效率和低成本的解决方案,使光通信生态系统呈现良性循环。

4.3.3　云光与无线网络功能模块

无线控制器(Radio Controller,RC)、光控制器(Optical Controller,OC)和 BBU 控制器(BBU Controller,BC)在各种服务模式下的合作是 MSRO 在 C-RoFN 中的关键问题之一,有助于实现 MSRO 的多层资源垂直整合和跨层资源水平融合的场景。

1. 无线控制器

无线控制器负责利用 RF 域中维护的 RF 资源分析 RF 状态,并与其他控制器执行多层资源的垂直集成,相应的功能模块描述如下。

- 射频监测:负责通过软件定义协议(OpenFlow,OF)控制编译和管理 OF-RRH 的状态,通过无线 BBU 接口(RBI)与处理资源互通,并将 RF 信息提供给 RF 分配模块。
- 射频分配:是 RC 的核心模块,可以为服务分配 RF 资源,并通过包括 QoS 参数的无线光接口(ROI)向 OC 提供资源集成请求。

OpenFlow 控制:用于发送流量修改消息,通过更新 RRH 的控制条目来分配 RF,同时接收其使用状态。

2. 光控制器

OC 维持从物理网络提取的光纤网络信息,并因此在 EON 中执行光路供应,以实现网络和应用资源的跨层优化(Cross Stratum Optimization,CSO)方案以及多层资源集成。典型的 OC 由 6 个基本模块组成,如下所述。

- MSRO 控制:是消息调度到其他模块的核心模块。它可以通过 ROI 执行集成请求并将其转发到路径计算元素(PCE),返回包含光路信息的成功答复。
- 路径计算元素:PCE 能够基于网络图计算端到端网络路径或路由,并应用计算约束。
- CSO 控制:根据 EON 和 BBU 处理层资源的状态,使用 CSO 对 BBU 服务器进行位置选择的引擎。BBU 服务器通过光网络 BBU 接口(OBI)被 BC

中的 CSO 代理感知。

- 网络虚拟化:可以通过 PCE 计算从物理网络中抽象和管理网络拓扑,并将抽象的资源信息提供给 CSO 控制模块。
- 频谱控制和监视:可以监视物理光网络元素,并灵活地控制底层网络中的频谱带宽和调制格式。通过使用 OFP 控制沿计算路径的所有相应 OF-BVOS 来提供端到端弹性光路。
- 数据库管理:在 PCE 连接设置和网络虚拟化模块的抽象拓扑信息之后,保留弹性光路信息。

3. BBU 控制器

集中式 BBU 控制器(BC)负责监视和分配 BBU 中的处理资源并安排服务。相应的功能模块描述如下。

- CSO 代理:通过 OBI 和 RBI 与 OC 和 RC 交互的通信模块,定期或基于事件触发提供计算和存储资源利用。
- BBU 资源管理:可以定期监控和维护从 BBU 获取的虚拟处理资源。
- 数据库:存储来自 BBU 的抽象计算和存储信息。

4.3.4 多层资源优化服务协作模式与全局评估策略

RC、OC 和 BC 在各种服务模式下的合作是 MSRO 在 C-RoFN 中的关键问题之一,有助于实现 MSRO 的多层资源垂直整合和跨层资源水平融合的场景。本节总结了 3 种控制器之间的不同合作模式。在控制平面中,控制器之间有两种控制方式。一种控制方式是负载分布,而另一种控制方式是由控制功能确定的分布。注意,异构资源在 C-RoFN 中彼此交织,其中每个资源层都具有由相应控制器实现的其自己的功能。因此,我们采用控制方式和过程的功能分布,而每个控制器(即 RC、OC 和 BC)控制相应的资源并完成功能。如果网络架构仅包含一种资源,如 RF,则通用负载分布应该是控制平面中的最佳选择。

1. 多层垂直整合模型

C-RoFN 中的多层资源垂直集成模式可以有效地利用无线和 EON 资源。当服务请求需要跨越这种模型中的 RF 和光谱层时,RC 必须与 OC 和 BC 协作。因此,多层资源的携带和集成最好在垂直方向上完成。OC 和 RC 可以分别在它们自己的层中完成频谱和 RF 资源分配。

C-RoFN 中的多层资源垂直集成模式可以保证需要服务的用户的 QoS,如图 4-18 所示。对于实时检测 RoFN 的状态,RC 通过 OFP 周期性地向每个 OF-RRH 发送流监视请求,同时从它们处获得 RF 状态信息并将处理资源与 BC 交织。如果新请求到达 OF-RRH 以获得服务,则设备将该请求转发给 RC,可以在 RC 中触发多层资源垂直集成控制,然后 RC 将请求发送到 OC。会话建立后,OC 接收资源垂直整合请求,用全局评估策略(Global Evaluation Strategy,GES)估计请求状态,并考虑 EON 的 CSO 和与 BC 协作的 BBU 处理资源计算路径。然后,OC 通过使用 OFP 控制沿计算路径的所有相应 OF-BVOS 来继续建立端到端弹性光路。当 OC 从最后的 OF-BVOS 获得设置成功应答时,它通过提供光路和抽象的光谱资源信息响应 RC 的集成应答。之后,RC 向 RRH 发送建立消息,使得射频被调制到光谱以有效地利用多层资源,同时通过从 RC 接收更新消息,来更新 BC 中的计算和存储资源使用情况,以保持同步。注意,这些现有的 OpenFlow 消息被重用来简化我们的实现过程,这些消息是互通的并且在图 4-18 的右上角给出示例。

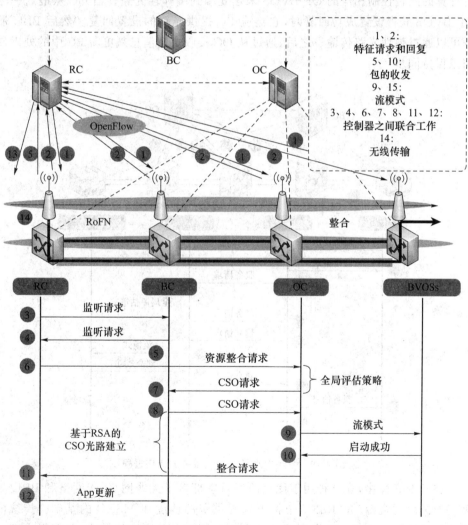

图 4-18　多层垂直整合模型中的协作过程

2. 交叉层 Horizontai 合并模型

C-RoFN 架构中的跨层资源水平融合模型可以保证 BBU 之间的高性能 QoS 需求,例如内容分发、流量负载均衡和 BBU 迁移。图 4-19 显示了所提出的体系结构中 BBU 服务的跨层次水平合并模型中的协作过程。OC 通过与 OF-BVOS 的交互来监视光节点的频谱信息,同时在 BC 中监视和维护 BBU 层资源。通过互操作 BBU 处理资源,BC 向 OC 发送服务请求来请求光网络资源信息。会话建立后,可以完成 OC 中跨层水平融合的全局评估策略,根据各种业务类型和参数选择最优的节点,并在一段时间内利用光网络资源,然后响应设置请求。通过使用 OFP 沿着计算的路径控制相应的 OF-BVOS 来建立端到端弹性光路。当 OC 从最后一个 OF-BVOS 获得设置成功回复时,它响应 BC 提供光路的设置回复。然后 BBU 服务可以通过弹性光路传输。之后,通过从 OC 接收更新消息来更新 BC 中的处理使用以保持同步。

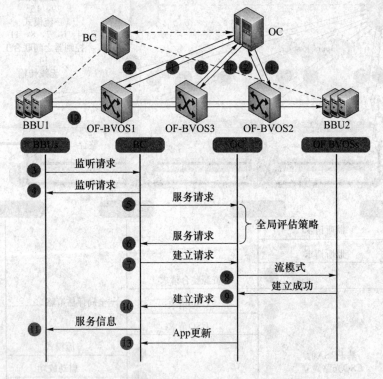

图 4-19 跨层次水平合并模型中的合作过程

在 C-RoFN 中,在这种用于优化的场景中部署了无线网络、光网络和 BBU 处理资源的多层资源。C-RoFN 架构可以提供资源调度和 MSRO 的基础。传统的资源评估策略仅考虑一种资源来评估资源利用率。基于功能架构,我们提出了一个全局评估策略来提供全局评估因子[27],它可以使用统一的度量来考虑所有多层次资源。在集中调度下,频谱、光谱和 BBU 处理资源应通过 GES 进行全局优化,以满足 QoS 要求。

GES 首先根据从 BBU 收集的处理状态选择新的 BBU,RC 和 OC 动态地提供无线和光网络条件。为了衡量服务提供的选择合理性,我们定义了考虑所有多层参数的全局评估因子。CPU 使用率和存储利用率描述了 BBU 资源的当前使用情况,而光网络参数包括当前链路的流量工程权重,以及候选路径的延迟和跳跃。无线参数包含当前无线信号的符号率和 RF。我们假设 BBU 节点包括计算和存储资源,而 BBU 池可以看作数据中心。根据 BBU 资源利用率,GES 首先在 BBU 层中选择具有资源利用率最低的 BBU 作为最佳 K 个候选 BBU 节点,准备无线信号和连续频谱路径。在无线层和光网络层中,将从 K 个候选中选择基于全局评估因子的具有最小值的节点。注意,GES 使用全局评估因子来选择最佳目的地 BBU 节点,并分配最佳无线和光谱资源以全局优化 RF、光谱和 BBU 处理资源。然后,GES 可以完成连接和服务参数约束中的路径计算,并根据从控制器中选择的 QoS 优先级,请求状态和资源利用来决定为请求分配和调整射频和光谱资源。在选择 BBU 之后,可以利用源节点和目的节点之间的频谱和调制 RF 分配建立弹性光路。

4.3.5 云光与无线网络性能验证

为了评估所提出的架构的可行性和效率,基于测试平台(包括控制平面和数据平面)建立了具有软件定义的 C-RoFN 的 EON,如图 4-20 所示。在数据平面中,利用两个模拟 RoF 强度调制器和检测模块,由工作在 40 GHz 频率的微波源驱动以产生双边带。4 个支持 OF 的弹性可重配置光分插复用(ROADM)节点在 EON 中配备有 Finisar 公司生产的带宽可变波长选择开关(BV-WSS)。我们根据应用程序编程接口(API)使用 Open vSwitch(OVS)作为软件 OFP 代理来控制硬件,并在控制器与无线和光节点之间进行交互。此外,OFP 代理用于模拟数据平面中的其他节点以支持具有 OFP 的 C-RoFN。BBU 和 OFP 代理在由 IBM X3650 服务器上运行的 Redhat VMware ESXi V5.1 创建的一系列虚拟机上实现。由于每个虚拟机都有一个操作系统、CPU 和存储资源,因此可以将其视为真实节点。虚拟操作系统技术使得为大规模扩展设置实验拓扑变得容易。对于基于 OF 的 C-RoFN 控制平面,OC 服务器被分配用于支持提出的架构,并通过 3 个虚拟机进行部署,用于 MSRO 控制,网络虚拟化和 PCE 作为插件,而 RC 服务器则用于 RF 资源监控和分配。BC 服务器部署为 CSO 代理,用于监控来自 BBU 的计算资源。每个控制器服务器控制相应的资源,而数据库服务器负责维护流量工程数据库(TED),连接状态和数据库的配置。我们部署了与 RC 相关的服务信息生成器,它实现了用于实验的批量 C-RoFN 服务。在我们的研究中,用于 C-RoFN 的 SDN 控制器由

Opendaylight 软件实现,因为它实现了测试平台的简化。

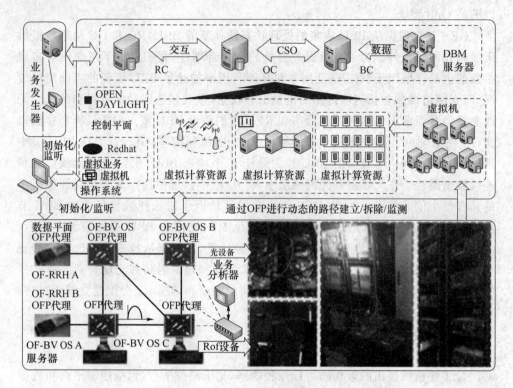

图 4-20 实验测试平台和演示器设置

基于测试平台,我们通过实验设计并验证了 MSRO 在软件定义的 C-RoFN 中的服务。图 4-21(a)和图 4-21(b)分别给出了使用 OFP 通过部署在 OC 和 RC 中的 Wireshark 捕获 MSRO 的整个信令过程。功能请求消息负责定期查询与 OF-BVOS 有关的当前状态的监控。OC 通过功能回复消息从 OF-BVOS 获得信息。RC 通过用户数据报协议(UDP)消息从 RC 和 BC 之间的互通中获得 BBU 资源的服务使用,其中我们使用 UDP 来简化过程并降低控制器的性能压力。当新请求通过消息中的数据包到达时,RC 通过 UDP 消息将请求发送给 MSRO 的 OC。在完成 GES 之后,OC 通过 UDP 消息从 BC 获得计算和存储使用,然后计算考虑了多层资源的 CSO 的路径来实现跨层资源水平合并。然后 OC 和 RC 提供频谱路径并分配 RF 以实现多层资源垂直集成,通过流模式消息控制相应的节点。OC 使用 UDP 消息更新 RC 的资源使用情况以保持同步。模拟 C-RoFN 的光路谱反映在滤波器轮廓上,如图 4-21(c)所示。我们可以利用 C-RoFN 中的 MSRO 在频谱信道上调制无线信号。两个 40 GHz 频带信号被复用到两个弹性光谱通道上,并且可以控制这些光通道以通过 SDN 编排来承载无线信号。

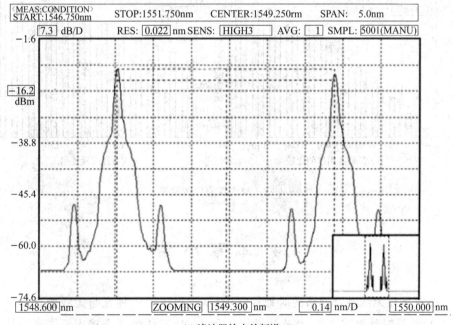

Time	Source	Destination	Protocol	Info
3.916892	RC ← 10.108.67.21	10.108.49.14	UDP	Source port: 888
3.920388	10.108.49.14	10.108.50.74	UDP	Source port: 396
3.920743	BC ← 10.108.50.74	10.108.49.14	UDP	Source port: 888
3.923749	OC ← 10.108.49.14	10.108.49.23	OFP	Flow Mod (CSM)
3.928297	10.108.49.23	10.108.49.14	OFP+Ethe	Packet In (AM)
3.928581	OF-BVOSs ← 10.108.49.14	10.108.49.24	OFP	Flow Mod (CSM)
3.931481	10.108.49.24	10.108.49.14	OFP+Ethe	Packet In (AM)
3.936094	10.108.49.14	10.108.67.21	UDP	Source port: 336

(a) OC

Time	Source	Destination	Protocol	Info
2.584902	RC ← 10.108.67.21	10.108.50.21	OFP	Features Request
2.586159	10.108.50.21	10.108.67.21	OFP	Features Reply
3.881411	10.108.67.21	10.108.51.22	OFP	Features Request
3.882972	10.108.51.22	10.108.67.21	OFP	Features Reply
3.903912	BC ← 10.108.67.21	10.108.50.74	UDP	Source port: 446
3.905913	10.108.50.74	10.108.67.21	UDP	Source port: 888
3.912796	10.108.51.22	10.108.67.21	OFP+Ethe	Packet In (AM)
3.936589	OC ← 10.108.49.14	10.108.67.21	UDP	Source port: 888
3.937871	10.108.67.21	10.108.50.74	UDP	Source port: 513
3.937951	10.108.67.21	10.108.50.21	OFP	Flow Mod (CSM)
3.939543	10.108.67.21	10.108.51.22	OFP	Flow Mod (CSM)
3.941676	OF-RRHs ← 10.108.50.21	10.108.67.21	OFP+Ethe	Packet In (AM)
3.942399	10.108.51.22	10.108.67.21	OFP+Ethe	Packet In (AM)

(b) RC

(c) 滤波器输出的频谱

图 4-21　实验测试平台和演示器设置(用于 MSRO 的消息序列的 Wireshark 捕获)

我们还在 C-RoFN 的繁重流量负载情况下使用 GES 评估 MSRO 的性能,并将其与使用虚拟机的传统 CSO 策略[28]进行比较。CSO 策略可以全面地考虑 BBU 处理资源和 EON 资源的状态。这些请求的设置带宽随机分布在 500 MHz～40 GHz 之间,其中 EON 中的频谱时隙为 12.5 GHz。对于每个需求,BBU 中的服务处理使用率从 0.1％到 1％随机选择。这些业务以泊松分布到达网络,并且通过每次执行产生 100 000 个需求来提取结果[29-31]。在确定目的 BBU 节点之后,我们首先考虑具有可用光谱的 RF 分配来容纳服务,然后使用另一种合适的光谱资源。然后,在选择 BBU 之后可以通过 OFP 建立频谱和调制 RF 分配的路径。图 4-22(a) 和图 4-22(b)在资源占用率和路径供应等待时间方面比较了两种策略的性能。资源占用率反映了被占用资源占整个无线、光网络和 BBU 资源的百分比。如图 4-22(a) 所示,GES 可以比其他策略更有效地提高资源占用率,尤其是当网络负载很重时。原因在于 GES 可以全局优化无线、光网络和 BBU 层资源来最大化无线覆盖,并在考虑资源的三维性情况下实现两个方向的跨层资源水平融合和多层资源垂直整合。图 4-22(b)显示 GES 可以减少与另一个策略相比的路径供应延迟。延迟反映了平均设置延迟,包括计算和程序时间。这是因为 GES 在服务到达之前考虑了 RF 和频谱资源分配的目的 BBU,降低了计算时间和供应时间[32-33]。

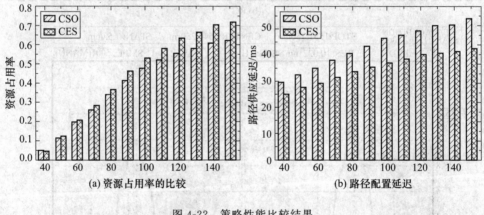

图 4-22　策略性能比较结果

4.4　本章小结

面对光与无线融合网络的时敏性需求,本章提出了一种光与无线融合网络去 OLT 化的低时延组网方法,首先构造了一种去 OLT 化的混合接入汇聚光网络架构,通过实现去 OLT 化并引入 SDN 编排与 SDN 驱动的 OBS 技术,消除了由于 OLT 中 O/E/O 转换与轮询过程导致的时延。然后本章进一步设计了有效的控制方法与服务适配方法来支撑所提出的网络架构并保障时敏业务的 QoS。仿真实验结果表明所提出的组网方法不但可以满足时敏业务对于低时延的需求，并且在减缓网络阻塞方面具有优越的性能。同时，针对云光与无线的多层控制与组网展开了细致介绍，并总结了 3 种控制器之间的不同合作模式。

4.5　本章参考文献

［1］ Yang H，Zhang J，Zhao Y，et al. SUDOI：software defined networking for ubiquitous data center optical interconnection［J］. IEEE Communications Magazine，2016，54(2)：86-95.

［2］ Ford R，Zhang M，Mezzavilla M，et al. Achieving ultra-low latency in 5G millimeterwave cellular networks［J］. IEEE Communications Magazine，2017，55(3)：196-203.

［3］ Erfanian J. NGMN 5G white paper［R/OL］.［2020-03-06］. https://www. ngmn. org/fileadmin/ngmn/ content/downloads/Technical/2015/NGMN _ 5G_White_Paper_V1_0. pdf：NGMN.

［4］ Dixit A，Lannoo B，Colle D，et al. Synergized-adaptive multi-GATE polling with void filling：overcoming performance degradation in LR-PONs［J］. Journal of Optical Communications and Networking，2015，7(9)：837-850.

［5］ Terada J，Shimada T，Shimizu T，et al. Optical network technologies for wireless communication network［C］// European Conference and Exhibition on Optical Communication (ECOC)：Düsseldorf：IEEE，2016：1-3.

［6］ Hu X，Chen X，Zhang Z，et al. Flexible ring-tree TWDM network architecture for next generation optical access network ［C］. //Wireless and Optical Communication Conference (WOCC). Newark：IEEE，2014：1-3.

［7］ Hu X，Chen X，Zhang Z，et al. Dynamic wavelength and bandwidth allocation in flexible TWDM optical access network ［J］. IEEE Communications Letters，2014，18(12)：2113-2116.

［8］ Kreutz D，Ramos F M V，Esteves V P，et al. Software-defined networking：a comprehensive survey ［J］. Proceedings of the IEEE，2015，103(1)：14-76.

［9］ Kondepu K，Sgambelluri A，Valcarenghi L，et al. An SDN-based integration of green TWDM-PONs and metro networks preserving end-to-end delay［C］// Optical Fiber Communications Conference (OFC). Los Angeles：OSA，2015：TH2A. 62.

［10］ Chitimalla D，Thota S，Savas S S，et al. Application-aware software-defined EPON upstream resource allocation ［C］//Optical Fiber

Communications Conference (OFC). Los Angeles: OSA, 2015: TH2A. 55.

[11] Yang H, Zhao Y, Zhang J, et al. Experimental demonstration of remote unified control for OpenFlow-based software defined access optical networks [C]//European Conference and Exhibition on Optical Communication (ECOC). London: IEEE, 2013: 1-3.

[12] Kondepu K, Sgambelluri A, Valcarenghi L, et al. Exploiting SDN for integrating green TWDM-PONs and metro networks preserving end-to-end delay [J]. Journal of Optical Communications and Networking, 2017, 9(1): 67-74.

[13] Talli G, Slyne F, Porto S, et al. SDN enabled dynamically reconfigurable high capacity optical access architecture for converged services [J]. Journal of Lightwave Technology, 2017, 35(3): 550-560.

[14] Yang H, Zhang J, Ji Y, et al. Experimental demonstration of multi-dimensional resources integration for service provisioning in cloud radio over fiber network [J]. Scientific Reports, 2016, 6: 30678.

[15] Yang H, Zhang J, Zhao Y, et al. CSO: cross stratum optimization for optical as a service [J]. IEEE Communications Magazine, 2015, 53(8): 130-139.

[16] Qiao C, Yoo M. Optical burst switching (OBS)—a new paradigm for an Optical Internet [J]. Journal of High Speed Networks, 1999, 8(1): 69-84.

[17] Zhang D, Guo H, Liu L, et al. Dynamic wavelength assignment and burst contention mitigation for the LOBS-over-WSON multilayer networks with an OpenFlow based control plane [C]//Optical Fiber Communications Conference (OFC). Anaheim: IEEE, 2013: 1-3.

[18] Liu L, Zhang D, Tsuritani T, et al. Field trial of an OpenFlow-based unified control plane for multilayer multigranularity optical switching networks [J]. Journal of Lightwave Technology, 2013, 31(4): 506-514.

[19] Fei H. Network innovation through OpenFlow and SDN: principles and design[M]. NewYork: CRC Press, 2014.

[20] Hillerkuss D, Leuthold J. Software-defined transceivers for dynamic access networks [C]// Optical Fiber Communications Conference (OFC). Los Angeles: IEEE, 2015: 1-3.

[21] Cheng N, Gao J, Xu C, et al. Flexible TWDM PON system with pluggable optical transceiver modules [J]. Optics Express, 2014, 22(2): 2078-2091.

[22] Bi M, Xiao S, Yi L, et al. Power budget improvement of symmetric

40-Gb/s DML-based TWDM-PON system [J]. Optics Express，2014，22
(6)：6925-6933.

[23] Garg A K，Madavi A A，Janyani V，et al. Energy efficient flexible hybrid
wavelength division multiplexing-time division multiplexing passive optical
network with pay as you grow deployment [J]. Optical Engineering，
2017，56(2)：1-12.

[24] Christian J，Mohamed B，Abbas S A，et al. A software-defined approach
to IoT networking [J]. ZTE Communications，2015，14(1)：61-66.

[25] Diao Y. Access network virtualization enables network transformation
[J]. ZTE Technology Journal，2016，18(4)：23-25.

[26] Tzanakaki A，Anastasopoulos M，Simeonidou D. Converged Access/Metro
Infrastructures for 5G Services[C]// Optical Fiber Communication Conference
(OFC). San Diego：OSA，2018：M2A.3.

[27] Xu M，Zhang J，Lu F，et al. Orthogonal multiband CAP modulation
based on offset-QAM and advanced filter design in spectral efficient MMW
RoF systems[J]. Journal of Lightwave Technology，2016，35(4)：1-1.

[28] Chanclou P，Cui A，Geilhardt F，et al. Network operator requirements
for the next generation of optical access networks[J]. IEEE Network，
2012，26(2)：8-14.

[29] Yang H，Liang Y，Yuan J，et al. Distributed blockchain-based trusted
multi-domain collaboration for mobile edge computing in 5G and beyond
[J]. IEEE Transactions on Industrial Informatics，2020(99)：1.

[30] Yang H，He Y，Zhang J，et al. Performance evaluation of multi-stratum
resources optimization with network functions virtualization for cloud-
based radio over optical fiber networks[J]. Optics Express，2016，24(8)：
8666.

[31] Yang H，Zhang J，Zhao Y L，et al. Cross stratum resilience for OpenFlow-
enabled data center interconnection with Flexi-Grid optical networks[J]. Optical
Switching and Networking，2014(11)：72-82.

[32] Yang H，Zhu X X，Bai W，et al. Survivable VON mapping with ambiguity
similitude for differentiable maximum shared capacity in elastic optical networks
[J]. Optical Fiber Technology，2016(31)：138-146.

[33] Yang H，Zhao Y L，Zhang J，et al. Dynamic global load balancing strategy
for cross stratum optimization of OpenFlow-enabled triple-M optical
networks[J]. Chinese Optics Letters，2013(7)：28-33.

第 5 章　光与无线网络多维资源调度机理

在光与无线网络中,光纤传输介质是承载各种泛在接入技术的载体,而光纤传输介质本身可控性较低,所以对其灵活性的提升尤为重要。本章围绕智能云光与无线网络(C-RoFN)场景下的资源控制僵化问题,提出了一种光与无线网络多维资源灵活管控的机理。首先,本章针对 C-RoFN 对于路径、光波长以及无线频谱等多维资源灵活可控的需求,设计了可重构波长频谱选择交换器(RWFS),以实现在 C-RoFN 中的光汇聚层对于光载无线(RoF)信号占用频谱资源的可调谐,然后在此基础上构建了基于软件定义编排的灵活智能云光与无线网络架构(F-RoFN),并设计了控制器功能架构,扩展了网络控制协议,提出了不同业务场景下实现多维资源分配的交互流程。最后,在 RoF 信号频谱资源可灵活调谐的基础上,本章提出了一种灵活的路由波长频率分配算法(RWFA)。本章通过实验与仿真验证了 RWFS 的可行性与 F-RoFN 架构下 RWFA 的网络性能,实验仿真结果表明该网络架构可以实现高度的资源调配灵活性,并有效地优化了资源利用情况,增强了网络的传输性能。

5.1　光与无线网络灵活性问题概述

随着 5G 及后 5G 技术的急速发展,网络运营商正考虑重新构建新型的网络形式,以连接用户与资源,实现高效的接入服务[1]。无线接入网(RAN)具有更高的数据速率、卓越的端到端性能、泛在用户覆盖以及更低时延、能耗、开销等特性[2],获得了大量用户与服务提供商的青睐。为了适应 5G 的需求,云无线接入网(C-RAN)是运营商引入的重要新型智能云光与无线网络形式[3-4],其将全部的计算资源汇聚到基带处理单元(BBU)池,通过射频拉远头(RRH)上广域分布的天线收集无线信号,并通过光传输系统来将无线信号传输到云平台[5-7]。C-RAN 可以在保持覆盖范围的基础上降低小区站点数量,并通过提供更优质的服务来增强实时云计算,有效地降低了运维成本与系统复杂度[8-9]。RoF 系统是实现微波与光波融合的重要技术手段,充分利用光子学宽带、高速、低功耗等优点来实现微波信号的产生、传输、处理和控制,融合了光纤通信高带宽传输距离广与无线通信灵活接入的优势[10-11],对 RoF 系统的引入是 C-RAN 的重要发展方向之一[12-14]。形成的 C-RoFN 可以将基站的处理计算功能完全迁移到 BBU,仅保留基站的天线收发功能,可以有效地简化基站的系统复杂度,降低部署成本并支持卓越的网络性能[15-16]。与此同时,RoF 系统也将无线频谱资源引入了光网络域的频谱中,C-RoFN 中出现了多维资源共存的情况[17-18]。

　　由于光传输介质的特性,光通信过程中无法进行光存储与光处理,光网络域的可操作性相对较弱。作为 C-RoFN 中主要的互联承载网络,光网络域只能实现对所承载业务在路径和光载波波长方面的调整,对于 RoF 信号所占用的频谱资源,则缺少有效的调配方法。僵化不完善的业务调配方案将会对光网络中的资源优化技术造成一定的局限性,由此限制了 C-RoFN 的网络性能。因此,在 C-RoFN 网络中,面对网络资源灵活调配的巨大挑战,急需设计支持 C-RoFN 中多维资源灵活调配的底层光网络设备,在光网络设备层面来克服网络资源适配僵化与资源利用低效等问题,实现对 C-RoFN 网络中多维资源的灵活控制。

　　此外,随着网络系统规模与覆盖用户数量的不断扩大,RRH 与 BBU 之间的交互变得更为频繁,网络业务的需求也更加多样化[19-20]。在 C-RoFN 网络中,网络业务传输形式不再单一,而是由无线网络域、光网络域以及 BBU 域联合承载,尤其是在光网络域传输过程中,光载波波长与无线频率资源异质共存,网络资源提供方法变得越发复杂。现有的网络控制方法仅限于单独网络域内的资源调控,只具有分布式单一网络形式控制能力,缺乏全局视野来最优化地利用多维资源,无法针对网络业务的多方面 QoS 需求,实现对全局多维资源的灵活调配。基于 OpenFlow 的 SDN 技术是一种新型的中心化软件控制技术,因其可以支持网络协议与功能的可编程性,故得到了广泛推广[21-22]。SDN 可以为网络功能与服务提供全局视角的联合优化,实现多维资源的统一灵活控制。因此,在 C-RoFN 环境下引入 SDN 技术来控制与优化网络资源分配,是提高 C-RoFN 控制层面灵活性的重要手段[23-24]。

　　本章提出了一种光与无线网络多维资源灵活管控的机理,首先在设备层面针对 C-RoFN 中光传输部分无法灵活调配无线频谱资源问题,设计了一种可重构波长频谱选择交换器;然后在此基础上提出了一种基于 SDN 编排的灵活智能云光与无线网络架构,设计了功能架构与控制交互流程,并扩展了接口协议;最后提出了一种路径波长频谱多维资源灵活分配算法。本章通过实验与仿真验证了可重构波长频谱选择交换器的可行性与所提架构下资源灵活分配算法的有效性。

5.2 基于可重构波长频谱选择交换器的设计

5.2.1 光与无线网络多维资源特征分析

一般的 C-RAN 网络架构如图 5-1 所示,主要包括 3 个部分,分别为无线网络域、BBU 域以及光网络域。无线网络域主要通过 RRH 连接移动终端设备,为其提供线接入服务。BBU 域通过汇集全网的计算资源,为用户提供 BBU 池来处理业务并提供云服务。光网络域负责全部 RRH 与 BBU 间的互连,为网络业务提供长距离传输与光交换等功能。在 C-RAN 中经过光网络域的网络业务主要有 3 种,第一种是 RRH 用户之间的通信,第二种是 BBU 之间的通信,第三种是 RRH 与 BBU 之间的通信。由于 C-RAN 网络业务量巨大且多种类型通信共用同一光纤通信网络,这必将对光网络域的承载能力提出严峻的考验,对光网络域共享资源的灵活有效利用将是 C-RAN 网络正常运转并为业务提供 QoS 保障的重要环节。

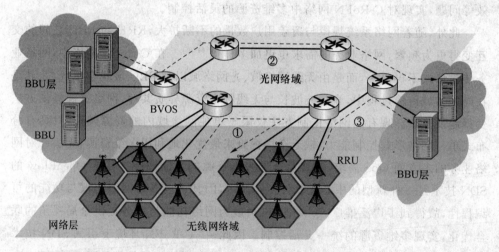

图 5-1 常见的 C-RAN 网络架构

在 C-RAN 中运用 RoF 技术可以有效地降低整体网络的部署成本,充分发挥光纤网络与无线网络的优势,为接入的实现提供了有利的前提条件。但是 RoF 技术的引入也为 C-RAN 网络的光网络域带来了更为复杂的资源占用形态,图 5-2 所示为 C-RoFN 网络中业务在不同链路的频谱示意图。从通信终端到 BBU 之间的通信链路有无线通信与光纤通信两种形式,在终端移动设备、微基站和宏基站之间,业务可以通过无线信号在自由空间中实现通信,无线通信将占用空间中的无线频谱资源。基站与 BBU 之间的通信则通过由可变带宽光交换器(BVOS)建立全光化光纤链路来承载,光通信将占用光纤链路中的波长资源。而 RoF 技术的使用可以进一步将无线网络域中的无线信号调制到光波上,进而实现光载无线传输。假设无线网络域的无线信号频率为 ω,在无线自由空间里占用的资源为频谱上的频率为 ω 的无线资源,通过将其调制到光纤链路中的波长为 λ 的光波上即可实现 RoF 传输承载该信号。由于无线电与光波有相同的电磁波性质,此时在频域上将会出现一个波长为 λ 的载波与两个频率分别为 $\lambda-\omega$ 和 $\lambda+\omega$ 的子载波,两个子载波承载业务信息。因此,在承载信息的信号频率不冲突的前提下,理论上既可以在光传输中实现多个光载波的复用传输,也可以实现多个无线信号在同一光载波上的复用传输。

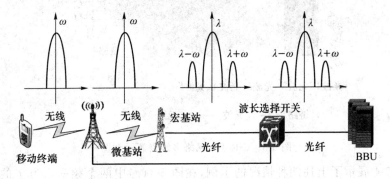

图 5-2　C-RoFN 网络中业务在不同链路的频谱示意图

因此,在 C-RoFN 的光网络域中,由于 RoF 技术的引入,光网络域资源包含链路、光载波波长与无线信号频率 3 个维度,如图 5-3 所示。每一个链路都包含一根独立的实体光纤,每根光纤都包含多个可用的不同波长的光载波通道,同时,在光载波间隔充足的前提下,各个光载波都可以承载多个不同频率的无线信号。因此3 种资源相互独立,形成了 3 个维度的资源形态。当一个无线网络域业务到达光网络域时,其资源占用标签将会具备 3 个要素,即路径、光载波波长与无线电频率。理论上在对两个业务所占用资源是否冲突的判决上,只要两个业务不占用相同链路上相同光载波波长上的相同无线频率资源,就可以避免两个业务信号的冲突。因此,在子载波间隔充足的情况下,无线频谱资源与光波资源可以视为两个相互独立的资源形态,通过有效利用复用技术,可以实现资源的高效利用。

　　然而,在光网络域中,上述资源形态由于 RoF 技术特征也存在调配僵化的局限性。在光网络域中,两个被不同波长的光载波承载的具有相同无线频率的 RoF信号,在经过光交换节点且被交换到同一光纤传输时,可以通过波分复用同时传输且不会造成信号冲突。但当相同波长的光载波承载不同无线频率的 RoF 信号被交换到同一光纤链路时,由于 RoF 传输的解调过程需要原始光载波才能解调[25-26],因此在上述情况中光载波信号波长相同,解调过程将无法分离出原始的光载波,导致被调制到上面的无线信号无法解调,造成通信失败。

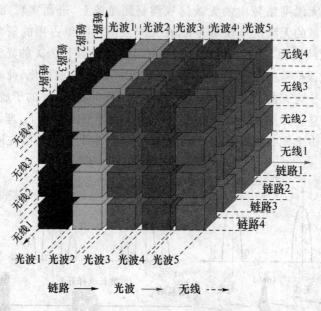

图 5-3 C-RoFN 网络多维资源示意图

图 5-4 展示了上述两种情况的示例,在图 5-4(a)中两个频率均为 f 的无线信号通过不同的 RRH 进入 C-RAN 的光网络域,分别由波长为 λ_1 和 λ_2 的光波承载,子载波占用频率分别为 $\lambda_1 + f$、$\lambda_1 - f$、$\lambda_2 + f$ 和 $\lambda_2 - f$。当两个 RoF 信号经过 BVOS 被交换到同一光纤链路时,由于光载波波长不同,这两个信号将占用不同的频谱位置且不会相互影响,可以成功实现信息的传输。在图 5-4(b)中,两个频率分别为 f_1 与 f_2 的无线信号分别从不同的 RRH 进入 C-RAN 的光网络域,并被调制到波长均为 λ 的两个光载波上,此时两个无线信号分别占据 $\lambda + f_1$、$\lambda - f_1$ 和 $\lambda + f_2$、$\lambda - f_2$ 的频谱位置。当两个信号被交换到同一条光纤链路上时,尽管所携带信息的无线信号的频谱位置没有发生冲突,但因为 RoF 信号的解调需要提取原始的光载波信号,两个光载波被耦合到一起,相位等属性发生变化,导致无法解调出相应的无线信号,最终传输失败。

因此,在上述情况下,虽然承载信息的频谱位置没有冲突,但仍然无法实现在同一光纤链路中的复用传输。在利用 RoF 技术传输的光网络中,一旦无线信号与光载波完成调制并开始传输,其他业务将无法再占用链路上该波长上的任何无线频率,使得处于闲置状态的频谱资源无法得到有效利用。现有光网络交换设备并不能实现对 RoF 传输过程中无线频谱资源的调整,由此造成了资源调配僵化与资源利用低效的困境,光网络设备对无线频谱资源的灵活调配已成为 C-RoFN 发展面临的主要问题。

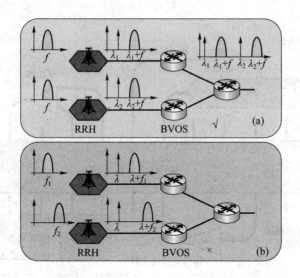

图 5-4　C-RoFN 网络多维资源示意图

5.2.2　可重构波长频谱选择光交换器

为了实现光网络设备对无线频谱资源的灵活调配,本小节设计了一种灵活的可重构波长频谱选择光交换器(RWFS),其构造如图 5-5 所示。RWFS 的主要设计思想是在 WSS 的基础上扩展出 RoF 传输中对无线频谱资源的灵活调配功能,即面向 RoF 传输技术的光网络交换器件,可以通过替换 BVOS 中的一组 WSS 来实现部署。RWFS 通过扩展 WSS 的一部分接口来连接 RoF 传输处理器件,以此搭建 RoF 信号处理系统。扩展的基本处理器件包括调制器、光相干接收机(OCR)、分光器、掺铒光纤放大器(EDFA)以及滤光器,此外根据 RoF 信号的质量需求可以进一步添加相应的 RoF 信号优化器件。在扩展的基本处理器件中,调制器主要负责将无线信号调制到目标光载波上,OCR 负责将目标无线信号由 RoF 信号解调还原为无线信号,分光器可以将 RoF 信号按功率进行分光,EDFA 的作用为放大信号以弥补信号处理带来的信号功率损失,滤光器则负责滤掉 RoF 信号上的无效信号。在上述构造下,配合 WSS 的可重构接口连接功能与灵活的控制,可实现对无线信号的灵活调配。当传输业务请求到达后,按特定的顺序连接各个功能器件接口,可搭建出 RoF 传输过程中的无线信号交换系统,以此完成 RoF 网络中的无线信号灵活交换。

利用上述架构可以搭建 RoF 无线信号交换系统,该系统主要包括两种功能,一种是可以实现无线信号在不同光载波间的迁移,另一种是可以实现对同一光载波上多个无线信号的分离以及无效信号的移除,图 5-6 展示了实现这两种功能的具体示例。

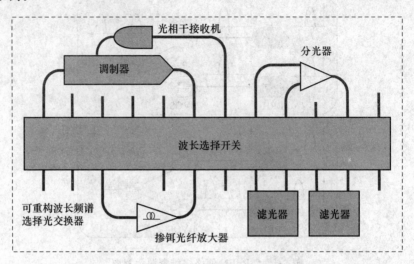

图 5-5　可重构波长频谱选择光交换器

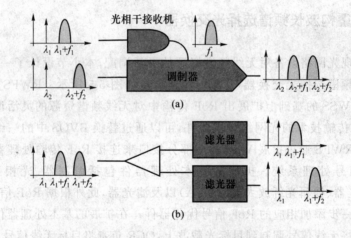

图 5-6　基于 RWFS 的 RoF 传输中无线信号交换示例

图 5-6(a)所示的信号处理系统可以实现无线信号在不同光载波间的迁移。该系统的输入为两个 RoF 信号,分别为波长为 λ_1 的光载波承载的频率为 f_1 的无线信号和波长为 λ_2 的光载波承载的频率为 f_2 的无线信号,两个无线信号分别占据 λ_1+f_1、λ_1-f_1 和 λ_2+f_2、λ_2-f_2 的频谱位置。该示例演示了将频率为 f_1 的无线信号由波长为 λ_1 的光载波迁移到波长为 λ_2 的光载波上的过程。在迁移过程中,该信号首先经过光电转换器被还原为频率为 f_1 的无线信号,然后经过调制器被调制到波长为 λ_2 的光载波上,所占据的频谱位置由 λ_1+f_1、λ_1-f_1 变为 λ_2+f_1、λ_2-f_1。由此可以利用光网络域中同一光载波来承载多个 RoF 信号,以减少对光载波的占

用并同时提高单个 RoF 光载波承载无线信号的数量,此外,在光载波波长相同的情况下,还能有效地灵活合并信号,实现无线频率的频分复用,避免信号冲突。

图 5-6(b)所示的信号处理系统可以实现对同一光载波上多个无线信号的分离以及无效信号的移除。该系统的输入为一个承载多个无线信号的 RoF 信号,示例中为一个波长为 λ_1 的光载波承载两个频率分别为 f_1 和 f_2 的无线信号,此无线信号所占据的频谱位置分别为 $\lambda_1 + f_1$、$\lambda_1 - f_1$ 和 $\lambda_1 + f_2$、$\lambda_1 - f_2$。分离信号并移除无效信号的过程如下:该 RoF 信号首先通过一个分光器,按功率将其分为两个相同的 RoF 信号,然后分别通过特定的带阻滤波器滤掉各个出口不再有效的无线信号,为其他信号空出频谱空间,以此实现无线频谱资源的节约与再利用,提高资源利用效率。

利用 RWFS 中基础 WSS 的可重构接口连接特性将各个基础器件接口按顺序连接,来搭建光路径,以此构造上述示例中的系统,并通过 EDFA 补偿处理元器件造成的功率损耗,这样可在光网络域中实现 RoF 无线频谱资源的灵活调配,为提升 C-RoFN 中资源控制的灵活性提供必要的底层器件支撑。

5.3　灵活光与无线网络架构及控制机制研究

RWFS 的提出在设备层面上为在光网络域实现无线信号频谱资源调配功能提供了有效的支撑,但由于光网络域为预置型通道网络,需要业务在无线网络域的资源占用信息与对 RWFS 的有效控制手段,传统的分布式控制方法已经不再适用于 C-RoFN 的网络环境,有必要设计具有全局集中式控制视角的新型网络架构。

5.3.1　灵活光与无线网络架构

本小节提出了一种基于 SDN 编排的灵活智能云光载无线网络架构,具体的架构设计如图 5-7 所示。该架构主要包含控制平面与数据平面。控制平面包括 BBU 控制器、光控制器以及无线控制器,它们分别以集中式的形式控制数据平面的 3 个对应域,在控制器与底层设备之间通过扩展 OpenFlow 协议来实现对数据平面的软件定义控制,在控制器之间通过光与 BBU 控制器接口(OBI)、无线光控制器接口(ROI)和无线与 BBU 控制器接口(RBI)来实现控制器间的交互协作。因此控制平面具有全局控制视野,更加有利于网络资源优化,同时对底层设备的软件定义控制也提升了网络的灵活性,发挥了 SDN 的优势。

数据平面包括无线网络域、BBU 域和光网络域。无线网络域为无线网络部分;BBU 域主要为 BBU 池,其中部署了包含计算存储的处理资源;光网络域为了实现多维网络资源的集中控制,则由支持 OpenFlow 协议的 RRH(OF-RRH)与支持 OpenFlow 协议的 BVOS(OF-BVOS)构成,光网络域包括从 OF-RRH 到 BBU的采用 EON 组网方案的全光连接网络,可以为 BBU 提供互连,为分布式的 RRH提供互连与汇聚,还可以为无线信号分配自定制的细颗粒度频谱资源。为了提高光网络域资源调配的灵活性,将 OF-BVOS 中的一部分 WSS 扩展为 RWFS,以此来支持无线频率交换。因此,在此架构中,整个数据平面可以支持软件定义控制,并为控制平面提供更为灵活的资源调配功能支撑。

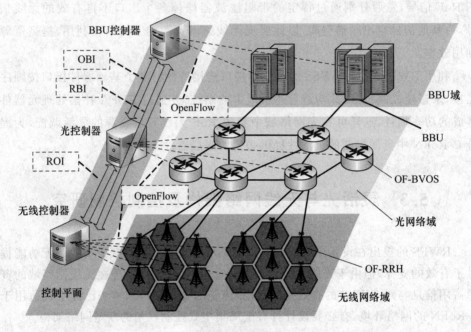

图 5-7 基于 SDN 编排的灵活智能云光载无线网络架构

5.3.2 实现多维资源灵活管控的控制器与交换功能架构

在上述网络架构下,本小节针对无线控制器、光控制器、BBU 控制器以及OF-BVOS 的主要功能架构展开设计,以此支持光网络域多维资源调配,如图 5-8所示。

1. 无线控制器

无线控制器主要负责分析在无线网络域内的无线资源状态,并与其他控制器进行交互,来提供无线资源状态信息和支持多维资源的灵活调配。相关的功能模块描述如下。

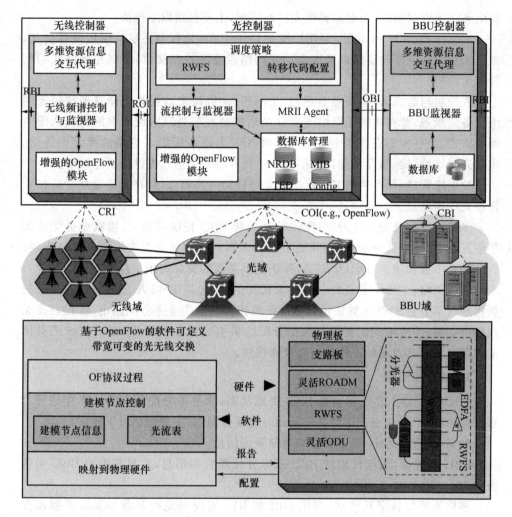

图 5-8　控制器与 OF-BVOS 主要功能架构设计

增强的 OpenFlow 模块:当接收到 RRH 接口的占用状态时,此模块被用来发送流表修改信息以升级 RRH 的控制接口,实现无线资源调配。

多维资源信息交互代理(MRII Agent):通过 RBI 接口与 BBU 交互处理资源信息,主要负责将业务的无线频谱请求信息与 OF-RRH 覆盖空间的无线资源占用信息提供给光控制器。

无线频谱控制与监视器:主要负责通过 OpenFlow 协议来编译管理 OF-RRH 的状态,控制无线业务信号的转发,监视整合无线业务与频谱资源占用状态并将其提供给多维资源信息交互代理。

2. 光控制器

光控制器主要负责光网络域的控制,并针对 F-RoFN 网络中的多维资源特征提供灵活的资源调配,为业务提供光链路适配,主要包括以下模块。

增强的 OpenFlow 模块:利用扩展的 OpenFlow 协议与底层可编程设备交互,被用来发送流表修改信息以升级底层光网络设备的控制接口,实现光网络域的软件定义控制。

流控制与监视器:主要负责通过 OpenFlow 协议来监视并编译管理底层光网络设备的状态,监视物理光网络要素并灵活控制底层光网络域的多维资源调配与调制格式,通过控制分配路径上的 OF-BVOS 为业务提供端到端的弹性光链路。收集光网络域资源与设备接口占用状态信息并将相关信息提供给调度策略。

数据库管理:保存网络实时状态信息与资源占用信息,并在光连接建立后保存弹性光连接信息。

多维资源信息交互代理:与无线控制器和 BBU 控制器交互,接收业务无线频率信息与 BBU 资源分配信息,并更新数据库和将上述信息提交给调度策略模块,为全局路由波长频谱分配(RWFA)算法提供必要的资源占用信息。

调度策略:主要负责整合全局资源状态信息,包括 RWFA 算法与传输模式配置程序两部分。RWFA 算法根据全局资源状态信息为业务分配路由、波长以及无线频谱资源;传输模式配置程序根据分配结果生成对各个相关 OF-BVOS 的具体配置信息并将其发送给流控制与监视器模块。

3. BBU 控制器

BBU 控制器主要负责监视 BBU 资源状态,为业务分配需求的计算存储等物理资源,并将上述信息发送给光控制器与无线控制器,主要包括以下模块。

数据库:存储各个 BBU 计算与存储资源信息。

BBU 监视器:周期性地从 BBU 获取并处理资源信息,监视并维护 BBU 中资源状态。

多维资源信息交互代理:利用 OBI 和 RBI 实现与光控制器和无线控制器交互,周期性地或基于触发事件提供 BBU 处理资源实用信息。

4. OF-BVORS

OF-BVORS 是由 EON 中广泛应用的 BVOS 扩展而成的,可分为软件与硬件两个层面。在软件层面,通过嵌入支持 OpenFlow 协议的代理软件来实现控制器与底层器件间的交互。通过这个代理软件,可以将底层设备模拟成一个具有流表的模拟节点,以支持 SDN 控制,并可以将流表信息转化为底层硬件的控制信息,来配置与控制物理硬件。OF-BVORS 的硬件层面包括一系列的物理主板,其中除了灵活可重构的光上下路复用器(ROADM)、光分波单元(ODU)以及对应的扩展卡,还包括前文提出的在 WSS 上扩展的 RWFS,以支持对 F-RoFN 网络中频域资源的灵活调配。

基于上述功能架构,F-RoFN 可实现软件定义控制,并支持包括无线频域资源在内的多维资源的灵活调配。

5.3.3　灵活光与无线网络组网协议

为了支撑上述架构中网络的灵活智能化控制,本小节对架构中光控制器与底层光传输交换设备间交互的 OpenFlow 协议进行了扩展,如图 5-9 所示。流的条目根据 OpenFlow 协议被定义为规则(Rule)、行为(Action)和状态(Stats)3 种。Rule 中有进/出端口和 F-RoFN 网络标签,该标签包括中心波长、信道间隔、接口限制、无线频率与带阻滤波带宽等 F-RoFN 网络的主要特征。Action 主要包括交换、添加、拆除、删除、过滤、分波以及补偿,其中过滤、分波和补偿可以有效地支撑 RWFS 对光网络域中无线频域资源的有效调配[27]。通过将 Rule 与 Action 根据不同需求按特定顺序进行组合,可以实现对 F-RoFN 网络的有效控制。Stats 则被用来实现 SDN 控制器对业务流状态的监视,并为控制器的调度策略提供必要的业务资源等状态信息。

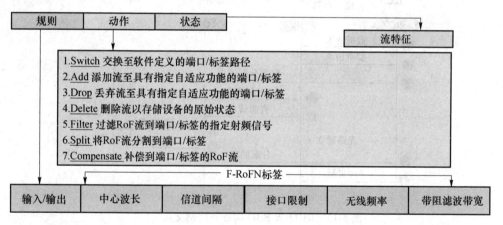

图 5-9　OpenFlow 接口协议扩展

5.3.4　面向不同业务场景的多维资源分配交互流程

在 F-RoFN 架构下,光网络域负责为无线网络域与 BBU 域提供网络互连,无线网络域对频谱资源的占用会延续至光网络域的频谱资源中,同时 BBU 处理资源分布状况也会影响网络业务连接的目的节点选择,因此,为光网络域的业务分配资源必然需要涉及控制平面控制器之间的交互过程。根据通信双方身份的不同,在 F-RoFN 架构下,业务场景可以分为 RRH 与 BBU 间互联场景、RRH 间互联场景以及 BBU 间互联场景。面向上述 3 种场景,本小节提出了 3 种资源分配控制交互流程。

1. RRH 与 BBU 间业务

RRH 与 BBU 间业务一般是由用户发起的请求 BBU 处理资源的业务,业务涉及无线网络域、光网络域以及 BBU 域 3 个部分,需要 3 个控制器协作完成。具体交互过程如图 5-10 所示。

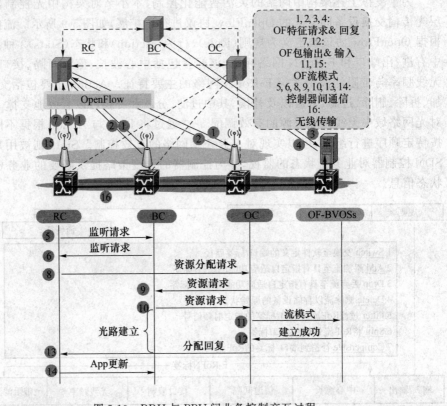

图 5-10 RRH 与 BBU 间业务控制交互过程

首先,无线控制器与 BBU 控制器定期向全部 RRH 下发流监视请求,RRH 在收到请求后上报 RRH 中流特征信息,无线控制器收集全部信息后更新并维护 RRH 流状态信息。与此同时 BBU 控制器也周期性地下发 BBU 状态请求到各个 BBU 设备,各个 BBU 设备在收到请求后,上报 BBU 处理资源占用情况与特征信息,BBU 控制器收到全部回复后更新并维护 BBU 状态信息。然后无线控制器向 BBU 控制器发送监视请求,BBU 控制器在收到请求后将更新后的 BBU 状态信息回复给无线控制器,由此无线控制器可以实时掌握 BBU 处理资源状态与特征。当用户的连接 BBU 请求到达时,无线控制器对所掌握的 BBU 信息与用户的请求信息进行整合,然后向光控制器发出资源分配请求并提供可用无线频谱资源信息。光控制器接收请求后向 BBU 控制器发出 BBU 处理资源请求,BBU 控制器根据业务请求的处理资源特征需求与现有 BBU 处理资源的占用情况为该业务分配处理资源,然后向光控制器返回可选处理资源分配结果。光控制器由此得到业务链接目标节点可选位置,继续执行光网络域路由波长频谱分配(RWFA),根据分配结果向相关 OF-BVOS 发送流配置信息并搭建光路,OF-BVOS 搭建成功后向光控制器返回搭建成功信息,光控制器继而向无线控制器发送资源分配结果。接下来,无线控制器向 RRH 发送资源分配结果与构建业务信息,同时向 BBU 控制器发送更新后的资源占用信息,以保持同步的业务处理。由此完成了一个 RRH 与 BBU 间业务的适配。此外,如图 5-10 所示,上述交互信息均可利用现有 OpenFlow 信息来简化实现。

2. RRH 间互联业务

RRH 间互联业务主要为用户间通信业务,涉及无线网络域与光网络域,需要无线控制器与光控制器协作完成控制,具体交互过程如图 5-11 所示。

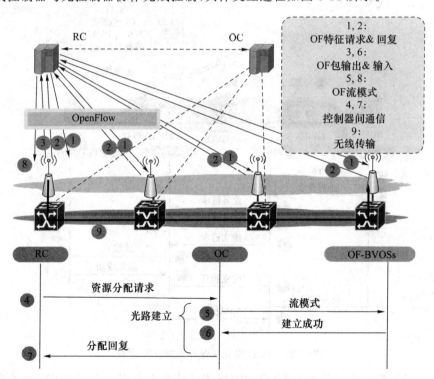

图 5-11　RRH 间互联业务控制交互过程

首先,无线控制器定期向全部 RRH 下发流监视请求,RRH 在收到请求后上报 RRH 中流特征信息,无线控制器收集全部信息后更新并维护 RRH 流状态信息。当有业务到来时,RRH 向无线控制器发送业务请求,然后无线控制器向光控制器发送资源分配请求,光控制器触发 RWFA 算法为业务分配多维资源,然后向相关的 OF-BVOS 发送流配置信息,OF-BVOS 收到信息后搭建光路,搭建成功后向光控制器返回光路建立成功信息。然后光控制器向无线控制器发送资源分配结果,无线控制器按分配结果向源宿 RRH 发送流配置信息,最后 RRH 更新业务适配信息并开始传输业务。

3. BBU 间互联业务

BBU 间的通信业务可以为用户提供更加高效的云服务,包括内容分发、负载均衡以及 BBU 迁移等业务类型,是保障用户业务 QoS 的重要环节。因此,F-RoFN 需要为 BBU 提供互联业务,由 BBU 控制器与光控制器协作来实现,具体交互过程如图 5-12 所示。

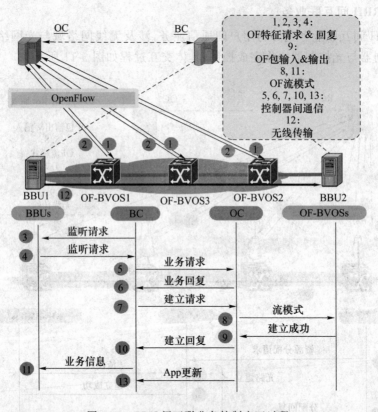

图 5-12 BBU 间互联业务控制交互过程

首先光控制器定期向全部 OF-BVOS 发送流状态监视请求,OF-BVOS 在收到请求后回复当前流状态信息,光控制器在收集全部 OF-BVOS 流状态信息后更新数据库信息。BBU 控制器定期向 BBU 发送状态监视请求,并收集回复信息,更新全部 BBU 状态。当有 BBU 间互联需求时,BBU 控制器向 OC 控制器发送服务请求,包括候选最优的 BBU 源宿节点等信息,OC 控制器在收到请求后,根据当前光网络域状态选取最佳源宿 BBU 节点,并返回给 BBU 控制器,BBU 控制器继续向 OC 控制器发送传输资源请求,并适配相关 BBU 设备。OC 控制器在收到资源分配请求后,运行资源分配策略并进行资源分配,将分配结果下发给 OF-BVOS,进行光路径的搭建,OF-BVOS 搭建完成后向 OC 控制器返回建路成功信息。然后 OC 将资源分配信息发送给 BBU 控制器,BBU 控制器再将服务信息发送给相关 BBU,开始 BBU 互联服务。最后,光控制器向 BBU 控制器发送处理资源,利用更新信息来保持信息同步。

5.4　路由波长频谱分配算法

通过在数据层面设计 RWFS 可以实现 F-RoFN 网络对光网络域无线频谱资源的可控性,控制层面的控制功能能有效地实现光网络域中多维资源的灵活调配。为了充分发挥上述设计的优势,本节提出了一种灵活路由波长频谱分配算法。

5.4.1　雾光与无线网络中路由波长频谱分配策略描述

在 F-RoFN 中路由波长频谱分配是影响网络服务质量以及网络运行状态的重要因素。在一般的 C-RAN 网络中,利用 RoF 传输需要满足频谱连续性、波长一致性与波长冲突的限制条件,其中,波长冲突限制包括同样波长的光载波不同频率的 RoF 信号耦合时所导致的信号冲突现象,但 RoF 信号的信息在无线信号中,实际携带信息的频谱部分并没有发生冲突。引入了 RWFS 器件后,可以有效地去除上述信号冲突的限制,且能够实现无线信号在不同波长的光载波间的迁移。因此,在多维资源分配过程中波长一致性与波长冲突限制不再适用于新的资源分配算法,取而代之的是无线频率一致性与光波长无线频率冲突限制[28]。

无线频率一致性限制:RoF 信号在传输路径上的各个光链路中所占用的无线频谱位置保持不变,即 RoF 承载信息的子载波与光载波中心波长的频率之差的绝对值保持不变。

光波长无线频率冲突限制:只有当同一链路两个 RoF 信号中承载信息的子载波所占频谱位置重叠时才会造成信息传输冲突。

无线频率一致性限制与光波长无线频率冲突限制相对于波长一致性与波长冲突限制明显地降低了对多维资源分配的限制,可以实现更为灵活的多维资源分配。图 5-13 为普通 RSA 与 RWFA 的资源分配结果与频谱占用情况的示例,在一个包括 6 个节点(A~F)和 5 条光纤链路(AB、CD、BD、BE 和 DF)的简单网络中,采用 RoF 的方式传输信息,其中 A 和 B 为 BBU,B 和 D 为 WSS,E 和 F 为 RRH。

假设 3 个无线信号业务请求到达该网络,分别为由 C 到 F 的频率为 f_1 的

RF_1、由 C 到 E 的频率为 f_2 的 RF_2 和由 A 到 E 的频率为 f_1 的 RF_3。

图 5-13(a)为利用正常 RSA 算法的资源分配情况，由于波长冲突限制，RF_1 在节点 C 被调制到波长为 λ_1 的光载波上，经过 CD 与 DF 被传输到 F；RF_2 在节点 C 被调制到波长为 λ_2 的光载波上，经过 CD、BD 和 BE 被传输到 E；RF_3 在节点 A 被调制到波长为 λ_1 的光载波上，经过 AB 和 BE 被传输到 E。各个链路频谱占用情况如图 5-13(b)所示，上述 3 个业务占用两个光波长，并造成了链路 AB、BE 上的 $\lambda_1 + f_2$ 和 $\lambda_1 - f_2$ 以及链路 CD、DF 上的 $\lambda_1 + f_1$ 和 $\lambda_1 - f_1$ 位置的频谱资源的浪费。

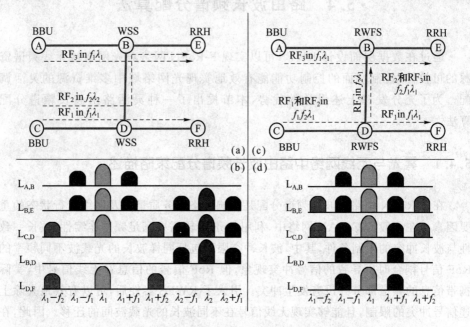

图 5-13　普通 RSA 与 RWFA 的资源分配结果与频谱占用情况

图 5-13(c)为利用 RWFA 算法的资源分配情况，交换节点配备了 RWFS，可以实现对 RoF 信号中无线信号的分波与耦合，RWFA 算法不再受到波长冲突的限制。RF_1 和 RF_2 两个无线信号在节点 C 同时被调制到波长为 λ_1 的光载波上，通过 CD 链路传输，经过节点 D 时，利用 RWFS 的无线频谱分波功能将此 RoF 信号分割为两个 RoF 信号，分别为波长为 λ_1 的光载波承载的 RF_1（沿链路 DF 传输）和波长为 λ_1 的光载波承载的 RF_2（沿链路 BD 传输）；RF_3 在节点 A 被调制到波长为 λ_1 的光载波上，通过 AB 链路传输，经过节点 B 时，利用 RWFS 的无线频谱耦合功能将波长为 λ_1 的光载波承载的 RF_3 与波长为 λ_1 的光载波承载的 RF_1 两个 RoF 信号进行耦合，得到一个由波长为 λ_1 的光载波同时承载 RF_1 和 RF_3 的 RoF 信号，该信号继续沿链路 BE 传输，由此实现业务传输目的。各个链路频谱资源的占用情况如图 5-13(d)所示，由于利用 RWFS 可以实现对无线信号所占用频谱资源的调配，所以网络的灵活性得到了有效提升，上述 3 个业务占用一个光波长，该波长上

的子载波频谱资源得到了有效利用。因此,采用 F-RoFN 架构下的 RWFA 算法能有效地节约网络频域资源,支持更高的网络性能。

5.4.2　光与无线网络光波频谱不饱和度

在底层光交换设备中部署 RWFS 可以有效地实现对频域资源的灵活调控,但由于其包含对 RoF 信号的处理系统,所以当 RoF 信号经过 RWFS 处理以实现无线信号的耦合与分波时,会造成信号质量的下降与延时等问题。在光网络域中,当负载低或 RoF 传输资源利用效率较高时,通过 RWFS 对无线频谱资源进行调配反而会影响网络业务的 QoS。因此,对于光网络域 RoF 传输,是否利用 RWFS 对无线频率进行调配需要考虑网络中频谱资源的利用现状,所以本小节提出了 RoF 光波频谱不饱和度(WFS)的概念来实现对网络 RoF 资源利用现状的评估,以此作为是否启用 RWFS 的判断标准。

RoF 光波频谱不饱和度可以由式(5-1)计算得到:

$$\text{WFS} = \frac{\sum_{i=1}^{L} \sum_{j=1}^{W} \sum_{k=1}^{F} \Phi(i,j,k)}{L \cdot W \cdot F} \tag{5-1}$$

$$\Phi(i,j,k) = \begin{cases} 1, & \varphi(i,j,x)=0 \text{ 且 } \varphi(i,j,x)=1, x \in [1,F] \\ 0, & \text{其他} \end{cases} \tag{5-2}$$

其中 L、W 和 F 分别表示网络中光链路总数、每一条光链路中可用来传输 RoF 信号的光波波长总数和每一个波长中可承载的无线信号总数。$\Phi(i,j,k)$ 表示光纤链路 i 的第 j 个光载波上第 k 个无线频谱位置是否为不饱和频谱块资源,其中 $\Phi(i,j,k)=1$ 表示"是",$\Phi(i,j,k)=0$ 表示"不是"。$\varphi(i,j,x)$ 表示光纤链路 i 的第 j 个光载波上第 x 个无线频谱位置的被占用情况,其中,$\varphi(i,j,k)=1$ 表示被占用,$\varphi(i,j,k)=0$ 表示未被占用。当一条链路的指定波长上已承载无线信号时,则视该波长上原本所有可用的 RoF 子载波频谱位置均不能再被占用,因此将这些不能再利用的空闲频谱位置称为不饱和频谱块。因此 WFS 的值越大,说明网络中不饱和频谱块越多,对 RoF 网络传输资源的浪费也就越多。以一定的 WFS 值作为调用 RWFA 的阈值将能实现对无线频谱调配的合理运用,当网络不饱和资源达到一定数量时,通过 RWFA 算法将新业务耦合到现有业务占用的波长上,可有效地利用网络不饱和频谱块资源,降低 WFS 并提高网络资源利用率。

5.4.3　路由波长频谱分配算法概述

为了有效地发挥 RWFS 在频谱资源调配上的优势,本小节提出了一种面向

RoF 光网络域传输的灵活 RWFA 算法,该算法的伪代码如图 5-14 所示。

算法:启发式 RWFA

输入:$G(N,L,S)$,$TR_i(s,d)$

输出:A(路径,波长,频率)

R:最短路径集

$LR_{i,j}$:R_i 中第 j 条链路

hop_i:R_i 的跳数

NumW:波长总数

NumF:无线频率总数

$T\_end(R_i,w)$:(R_i,w)中业务服务终止时间

T_end_R:业务请求的结束时间

```
1:    如果已存在的光路可用
2:        输出可用光路;
3:    如果 WFS 小于等于阈值
4:        调用传统 RSA
5:    计算 k 条最短路径(R₁,R₂,…,Rₖ);
6:    for(w = 1;w <= NumW;w + +)
7:    for(f = 1;f <= NumF;f + +)
8:        s = 0;
9:        for(h = 1;h <= hopᵢ;h + +)
10:           如果 LRᵢ,ⱼ中的波长 w 和频率 f 可用
11:           s + +;
12:          if(s == hopᵢ)
13:              if(T_end(Rᵢ,w)> T_end_R)
14:                 输出(Rᵢ,w,f);
15:              End if
16:          End if
17:      End for
18:   End for
19:End for
20:阻塞请求;
```

图 5-14   RWFA 算法的伪代码

当一个 RoF 传输业务到达时,首先判断源节点与目的节点间是否存在已建立光路,如果存在已建立光路,只要无线频谱占用与该光路上的业务不冲突就可以直接与已存在无线业务进行频分复用,利用已建立路径共同传输[9]。当不存在已建立的可用光路或无线频谱资源已被占用的情况时,则进行路由波长频谱分配,为该业务请求搭建光路。在 RWFA 算法中,需要计算 WFS 来判断是否启用 RWFS 来进行高灵活性的频谱调配。当 WFS 小于阈值时启用普通的 RSA 算法,当 WFS 大于阈值时则继续执行 RWFA 算法。在资源分配过程中,当无线信号需要在不同载波上进行迁移时,被迁移到的光载波上的现有业务完成后,该光载波的光链路会被拆除,将无法继续承载被迁移的无线信号,因此被迁移到的光载波上的现有业务的结束时间需要满足晚于待分配业务的结束时间的条件。如果满足的话则可完成分

配,如果不满足的话则放弃现有分配方案。RWFA 算法相对于现有 RSA 算法,具有底层设备与控制层面高灵活性调配手段的支撑,具有更宽松的资源分配限制,可以实现更高效的资源利用[30]。

5.5　多维资源灵活管控验证实验与仿真系统及其性能验证

本节通过搭建实验与仿真平台,验证了 RWFS 对无线频谱资源灵活调配的可行性,评估了 F-ROFN 架构下 RWFA 的性能。

5.5.1　路由波长灵活交换的频谱资源调配验证实验平台

为了验证所提出的 RWFS 对于无线频谱资源灵活调配的可行性,本小节搭建了图 5-15 所示的 RWFS 频谱资源调配实验平台,该平台包括两套由 RoF 平台构成的 RoF 传输发射机和一个在灵活 WSS 的基础上构造的 RWFS。

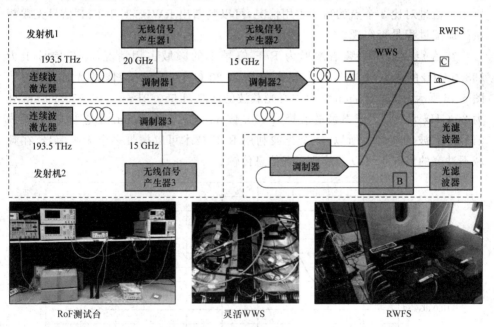

图 5-15　灵活智能云光载无线网络中 RWFS 频谱资源调配实验平台

实验设置如下。发射机 1 与发射机 2 中的窄带激光器的中心波长均为 193.5 THz;发射机 1 中的两个无线信号发生器分别产生频率为 20 GHz 与 40 GHz 的无线信号,这两个无线信号分别通过调制器被调制到激光器 1 所发射的光波上,形成承载两个无线信号的 RoF 信号 1。此外,发射机 2 中的无线信号发生器也生成频率为 40 GHz 的无线信号,通过调制器调制到中心波长为 193.5 GHz 的光载波上,形成 RoF 信号 2。实验利用 RWFS 来演示上述两个发射机产生的 RoF 信号上的无线信号交换功能,以此验证 RWFS 的可行性。在实验过程中,首先通过 WSS 的灵活接口交换功能让 RoF 信号 1 通过 RWFS 上的两个滤波器,过滤掉 RoF 信号 1 上的 40 GHz 无线信号子载波。同时,RoF 信号 2 通过 OCR 解调出其所承载的 40 GHz 无线信号,将其接入调制器上,并将其调制到此时经过调制器处理后的 RoF 信号 1 的光载波上,由此完成频域信号在光载波上的灵活调配。在图 5-15 中 A、B 和 C 3 点利用光谱仪观测频谱资源占用状态,以此来验证实验效果。

5.5.2　路由波长灵活交换的频谱资源调配验证实验结果分析

通过搭建上述实验平台并设置实验步骤可以达到验证 RWFS 可行性的目的,利用光谱仪收集 A、B 和 C 3 点的频谱占用情况,分别如图 5-16、图 5-17 和图 5-18 所示。通过对比 3 个点的频谱占用情况,可以判断出 RWFS 对于 RoF 信号无线频域的调配过程是否实现。

在 A 点收集到的频谱波形为 RoF 信号 1 的频域占用情况,RoF 信号 1 为 193.5 GHz 的光载波携带两个频率分别为 20 GHz 与 40 GHz 的无线信号,如图 5-16 所示,1 550.15 nm 处为中心光载波的波峰,1 550.31 nm 与 1 550.99 nm 处为 20 GHz 无线信号子载波的波峰,1 550.47 nm 与 1 550.83 nm 处是 40 GHz 无线信号子载波的波峰。所以,一个光波利用 RoF 技术可以携带多个无线信号,在频域不冲突的情况下可以有效地实现信息传输。

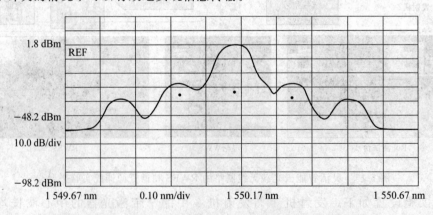

图 5-16　实验平台 A 点收集到的频谱占用情况

图 5-17 为 B 点收集的频谱占用情况,由图可以看出,在经过两个滤波器的滤

波后,1 550.47 nm 与 1 550.83 nm 处的无线信号成功被去除,只剩下 1 550.15 nm 处的中心光载波和 1 550.31 nm 与 1 550.99 nm 处的频率为 20 GHz 的无线信号的子载波。因此,在应用高性能光滤波器的前提下,通过灵活调整滤波器的过滤频谱范围将能实现对 RoF 信号中指定频率的无线信号的过滤,再配合分光器的使用即可实现对承载多个无线信号的 RoF 信号中无线信号的分波功能。

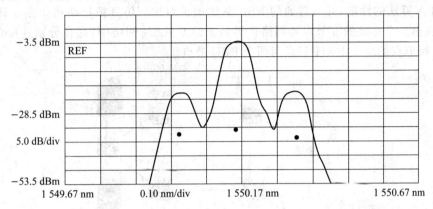

图 5-17　实验平台 B 点收集到的频谱占用情况

图 5-18 为 C 点收集的频谱占用情况,由图可以看出,在 C 点的 RoF 信号 1 重新被调制上了一个 40 GHz 的无线信号,其占据的频域位置为 1 550.47 nm 与 1 550.83 nm,由此可以证实 RoF 信号 2 中的 40 GHz 无线信号经过 OCR 被解调,又经过调制器重新被调制到了 RoF 信号 1 的载波上。所以利用 RWFS 可以实现一个无线信号从一个光载波到另一个光载波的迁移,可以实现灵活的频谱调配。

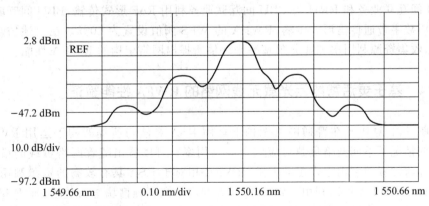

图 5-18　实验平台 C 点收集到的频谱占用情况

上述实验结果验证了 RWFS 对频域资源的灵活调配的可行性。因此在 F-RoFN网络中引入 RWFS 可为网络灵活性的提升提供有效的支撑。

5.5.3　基于灵活智能云光载无线网络的仿真系统

为了进一步验证所提网络架构的性能,本小节运用 C＋＋基础的离散事件仿真软件 OPNET 搭建了云光载无线网络仿真系统,通过大量的仿真实验验证了 RWFA 算法的性能,并与普通的 RSA 算法做了对比。仿真拓扑结构如图 5-19 所示,在由一个标准的 6 节点光网络扩展而来的 C-RAN 网络中,存在分别连接各个光交换节点的 9 个 RRH 节点与两个 BBU 节点。

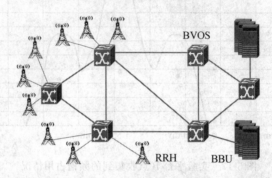

图 5-19　仿真拓扑结构

网络中的最小频隙为 12.5 GHz,各个光纤链路的长度均为 2 km。业务到达网络的过程服从泊松分布,每次仿真都产生 105 个业务请求,业务请求的带宽为 500 MHz～40 GHz 范围内的随机值。RRH 间互联业务、RRH 与 BBU 间互联业务以及 BBU 间互联业务的业务数量分别占总业务量的 40％、40％和 20％,其中 RRH 间互联业务和 RRH 与 BBU 间互联业务利用 RoF 形式传输,BBU 间互联业务采用数字带通传输形式传输,RWFA 的 WFS 阈值设置为 30％。在上述仿真条件下,收集资源利用率和业务阻塞率来评估所提出网络架构的 RWFA 性能。

5.5.4　基于灵活智能云光载无线网络的 RWFA 性能验证

图 5-20 对比了在普通网络架构下运用 RSA 算法与所提架构下运用 RWFA 算法的情况下不同网络负载对应的资源利用率。可以看出随着网络负载的增加,两种算法的资源利用率也逐渐上升,RWFA 相对于 RSA 具有较高的资源利用率,这是由于 RWFA 可以利用 RWFS 使业务利用不饱和频谱块进行传输,而 RSA 算法无法利用不饱和频谱块,资源利用率较低。此外轻负载情况下两种算法的资源利用率差距较小,而重负载情况下差距较大。这是由于 RWFS 设置了 WFS 阈值,轻负载情况下到达 WFS 阈值的机会较少,因此两种算法的资源利用率差距相对较小,而在重负载情况下,随着不饱和资源的比例增加,有更多机会启用 RWFS 来利用这些不饱和频谱块资源,因此 RWFA 在重负载情况下对资源利用率的优化更加

突出,与 RSA 算法差距相对较大。

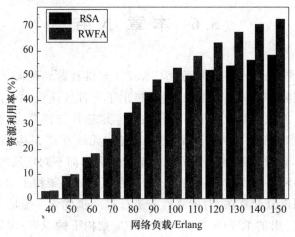

图 5-20　普通网络架构下 RSA 与所提架构下 RWFA 的资源利用率

图 5-21 对比了在普通网络架构下运用 RSA 算法与所提架构下运用 RWFA 算法的情况下不同网络负载对应的网络阻塞率。两种算法的阻塞率均随着负载的增加而升高。在相同的负载条件下,RWFA 的阻塞率相对较低,这是由于 RWFA 算法可以利用不饱和的频谱块资源来承载业务,而 RSA 算法却无法利用这些资源,只能占据更多的波长资源,因此 RSA 更容易发生因资源短缺造成的网络阻塞,而 RWFA 由于高效的资源利用特性,可以节约资源并有效地减少网络阻塞。此外,同资源利用率相同,RWFA 算法与 RSA 算法在轻负载条件下性能相对较为接近,而在重负载情况下差距明显,这同样是由 WFS 阈值导致的,轻负载前提下触发无线信号子载波调配的机会较少,而重负载情况下则机会较多。因此,RWFA 相对于 RSA 可以有效地降低网络阻塞率,支持更优秀的网络传输性能。

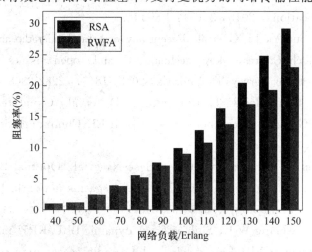

图 5-21　普通网络架构下 RSA 与所提架构下 RWFA 的阻塞率

5.6　本　章　小　结

本章针对泛在光接入网经典场景 C-RoFN 多维资源调配僵化问题展开研究，为了提高网络控制与资源调配的灵活性，提出了一种智能泛在光接入网多维资源灵活管控机理。首先本章设计了可重构波长频谱选择交换器，并在此基础上引入了 SDN 编排技术，提出了一种灵活智能云光载无线网络架构，通过进一步扩展 OpenFlow 协议，设计控制器与 RWFS 功能架构和面向不同场景的控制交互过程，实现了对所提出网络架构的有效控制。然后在上述体系架构下本章设计了一种灵活的路由波长频谱分配算法，对网络性能进行进一步优化。最后本章搭建实验与仿真平台，对所提出的 RWFS 功能与 F-RoFN 架构下的 RWFA 算法性能进行验证，实验结果表明 RWFS 可以实现在 C-RoFN 中对频域资源的灵活调配，网络仿真结果显示 F-RoFN 中的 RWFA 算法可以提高资源利用率和降低网络阻塞率。

5.7　本章参考文献

［1］ Shafi M，Molisch A F，Smith P J，et al. 5G：a tutorial overview of standards，trials，challenges，deployment，and practice［J］. IEEE Journal on Selected Areas in Communications，2017，35(6)：1201-1221.

［2］ Bartelt J，Rost P，Wubben D，et al. Fronthaul and backhaul requirements of flexibly centralized radio access networks ［J］. IEEE Wireless Communications，2015，22(5)：105-111.

［3］ Peng M，Sun Y，Li X，et al. Recent advances in cloud radio access networks：system architectures，key techniques，and open issues ［J］. IEEE Communications Surveys & Tutorials，2016，18(3)：2282-2308.

［4］ Rost P，Bernardos C J，Domenico A D，et al. Cloud technologies for flexible 5G radio access networks ［J］. IEEE Communications Magazine，2014，52(5)：68-76.

［5］ Musumeci F，Bellanzon C，Carapellese N，et al. Optimal BBU placement for 5G C-RAN deployment over WDM aggregation networks ［J］. Journal of Lightwave Technology，2016，34(8)：1963-1970.

［6］ Chen Y S，Chiang W L，Shih M C. A dynamic BBU-RRH mapping scheme using borrow-and-lend approach in cloud radio access networks ［J］. IEEE

Systems Journal, 2017, 2(12): 1-12.

[7] Huang B S, Chiang Y H, Liao W. Remote radio head (RRH) deployment in flexible C-RAN under limited fronthaul capacity [C]//IEEE International Conference on Communications (ICC). Paris: IEEE, 2017: 1-6.

[8] Li Y, Jiang T, Luo K, et al. Green heterogeneous cloud radio access networks: potential techniques, performance trade-offs, and challenges [J]. IEEE Communications Magazine, 2017, 55(11): 33-39.

[9] Xu S, Wang S. Baseband unit pool planning for cloud radio access networks: an approximation algorithm [J]. IEEE Communications Letters, 2017, 21(2): 358-361.

[10] Novak D, Waterhouse R B, Nirmalathas A, et al. Radio-over-fiber technologies for emerging wireless systems [J]. IEEE Journal of Quantum Electronics, 2016, 52(1): 1-11.

[11] Niu Y, Li Y, Jin D, et al. A survey of millimeter wave communications (mmWave) for 5G: opportunities and challenges [J]. Wireless Networks, 2015, 21(8): 2657-2676.

[12] Alimi I A, Teixeira A L, Monteiro P P. Toward an efficient C-RAN optical fronthaul for the future networks: a tutorial on technologies, requirements, challenges, and solutions [J]. IEEE Communications Surveys & Tutorials, 2018, 20(1): 708-769.

[13] Tanaka K, Agata A. Next-generation optical access networks for C-RAN [C]//Optical Fiber Communication Conference (OFC). Los Angeles: OSA, 2015: Tu2E. 1.

[14] Oliva A D L, Hernandez J A, Larrabeiti D, et al. An overview of the CPRI specification and its application to C-RAN-based LTE scenarios [J]. IEEE Communications Magazine, 2016, 54(2): 152-159.

[15] Kim B G, Tanaka K, Kobayashi T, et al. Transmission experiment of LTE signals by IF-over-fiber using commercial base station and deployed optical fibers [C]//European Conference on Optical Communication (ECOC). Düsseldorf: IEEE, 2016: 1-3.

[16] Ranaweera C, Wong E, Nirmalathas A, et al. 5G C-RAN architecture: a comparison of multiple optical fronthaul networks [C]//International Conference on Optical Network Design and Modeling (ONDM). Budapest: IEEE, 2017: 1-6.

[17] Yang H, Zhang J, Ji Y, et al. Experimental demonstration of multi-

dimensional resources integration for service provisioning in cloud radio over fiber network [J]. Scientific Reports, 2016, 6:30678.

[18] Yang H, He Y, Zhang J, et al. Performance evaluation of multi-stratum resources optimization with network functions virtualization for cloud-based radio over optical fiber networks [J]. Optics Express, 2016, 24(8): 8666-8678.

[19] Park S, Chae C B, Bahk S. Large-scale antenna operation in heterogeneous cloud radio access networks: a partial centralization approach [J]. IEEE Wireless Communications, 2015, 22(3): 32-40.

[20] Arslan M Y, Sundaresan K, Rangarajan S. Software-defined networking in cellular radio access networks: potential and challenges [J]. IEEE Communications Magazine, 2015, 53(1): 150-156.

[21] Yan Q, Yu F R, Gong Q, et al. Software-defined networking (SDN) and distributed denialof service (DDoS) attacks in cloud computing environments: a survey, some research issues, and challenges [J]. IEEE Communications Surveys & Tutorials, 2016, 18(1): 602-622.

[22] Alvizu R, Maier G, Kukreja N, et al. Comprehensive survey on T-SDN: software-defined networking for transport networks [J]. IEEE Communications Surveys & Tutorials, 2017, 19(4): 2232-2283.

[23] Zhang H, Liu N, Chu X, et al. Network slicing based 5G and future mobile networks: mobility, resource management, and challenges [J]. IEEE Communications Magazine, 2017, 55(8): 138-145.

[24] Casoni M, Grazia C A, Klapez M. SDN-based resource pooling to provide transparent multi-path communications [J]. IEEE Communications Magazine, 2017, 55(12): 172-178.

[25] Clark T R, Kalkavage J H, Adles E J. Techniques for highly linear radio-over-fiber links [C]//Optical Fiber Communications Conference and Exhibition (OFC). Los Angeles: OSA, 2017: M3E. 1.

[26] Li P, Pan W, Zou X, et al. Tunable microwave photonic duplexer for full-duplex radio-over-fiber access [J]. Optics Express, 2017, 25 (4): 4145-4154.

[27] Yang H, Zhao X, Yao Q, et al. Accurate fault location using deep neural evolution network in cloud data center interconnection [J]. IEEE Transactions on Cloud Computing, 2020, 4(19):2232-2283.

[28] Yang H, Zhang J, Ji Y, et al. Performance evaluation of multi-stratum

resources integration based on network function virtualization in software defined elastic data center optical interconnect[J]. Optics Express，2015，23(24):31192.

[29]　Yang H，Zhang J，Zhao Y，et al. Global resources integrated resilience for software defined data center interconnection based on IP over elastic optical network [J]. IEEE Communications Letters，2014，18 (10):1735-1738.

[30]　Yang H，Cheng L，Deng J，et al. Cross-layer restoration with software defined networking based on IP over optical transport networks [J]. Optical Fiber Technology，2015(25): 80-87.

第6章　光与无线网络时间同步机制

6.1　光与无线网络时间同步机制的理论分析

基站的时间同步长期以来一直是移动网络系统保护、自动化和控制的一个问题。以 TD-SCDMA 为例，TD-SCDMA 组网对时间同步有很高的要求，其基站目前正在使用全球定位系统（Global Positioning System，GPS）作为唯一的时间源。使用 GPS 的高精度授时，TD-SCDMA 可以实现以相同频率发送上行链路/下行链路数据，保持基站之间的同步，其同步精度可以控制在 $\pm1.5\,\mu s$ 内，而 5G 移动网络需要更严格的时间同步标准。

IEEE 1588 规定了专用协议，它支持具有不同精度、分辨率和稳定性的异构时钟系统[1]。作为一项关键技术，5G 网络需要极低延迟的网络环境。为了创建低延迟的网络环境，稳定可靠的计时系统对于 5G 移动网络至关重要。随着时间的推移，出现了更好的时间同步方案，卫星扩大了其可用性范围，其适用于需要长距离时间同步的场合[2]。时间同步性能取决于若干相关因素，包括未调节时钟的短期和长期稳定性、偏移和偏斜估计的准确度，以及在网络内交换定时信息的速率[3]。据统计，除了射频模块外，GPS 部分的故障发生频率已成为第二高，约占故障总数的 15%。在这种情况下，北斗系统将成为取代 GPS 进行精确计时的不错选择。

本部分研究的目的就是优化卫星系统的时间同步以更好地支持 5G，利用 RoFN 来提高卫星地面站时间同步的精度。RoFN 是通过将 RF 信号的子载波调制到光载波来实现光纤网络的传输的技术[4]。利用 RoFN 的传输特性，我们可以传输卫星的"标准"时钟信号。它不仅提高了同步精度和网络传输带宽，还避免了数字同步过程中由于量化造成的信号失真和带宽浪费。此外，软件定义的光网络可以作为统一的控制架构，通过不同形式的传输与全局视图，为运营商提供最大的灵活性[5]。

6.2　基于软件定义控制器的光与无线网络时间同步机制

随着 5G 网络服务带宽的增长,网络对高精度时间同步的需求越来越大。在 5G 网络中,为保证通信质量,基站必须实现高精度的时间同步。为了保持 5G 网络的精确时间,我们提出了一种基于光与无线网络(Radio-over-Fiber Network, RoFN)和软件定义光网络(Software Defined Optical Network,SDON)控制器的卫星地面站时间同步系统。该方法的优点是提高地面站时间同步的精准度。IEEE1588 时间同步协议可以解决高成本和低精度的问题。然而,在时间同步的过程中,在数字时间信号的传输期间存在失真。RoF 采用模拟光传输链路,因此可以在地面站之间实现模拟传输而不是数字传输,这意味着可以避免在数字同步过程中的失真和带宽的浪费。此外,SDN(软件定义网络)的思想是可以通过集中控制优化 RoFN 并简化基站。同时我们进行了相关仿真以验证其有效性。

6.2.1　面向时间同步的光与无线网络架构

在 RoFN 系统中,RoF 技术可以集中大型基站设施,并且可以更容易地添加新的无线小区站点,模拟 RoF 系统在系统成本方面更具吸引力。换句话说,由于 RoFN,远程基站(Remote Base Station,RBS)大大简化,中心站(Central Station, CS)中实现了功能的集中化,设备和频谱带宽资源成为可动态分配的共享资源。由于移动互联网用户数量呈指数级增长,CS 与 RBS 之间的交互或 CS 之间的资源调度变得更加复杂,因此传统结构无法保证服务质量[6]。此外,RoFN 的 CS 中资源集中的思想与 SDON 集中控制的思想相吻合。另外,使用 OpenFlow 协议的 SDON 已经在光网络中进行了广泛的研究[7]。因此,融合网络架构、软件无线光纤网络(Software Defined Radio-over-Fiber Network,SD-RoFN)将会是解决上述问题的有效方案。

SD-RoFN 的融合网络架构如图 6-1(a)所示,主要由 3 个部分组成:卫星系统部分(包括卫星和 GBS)、RoFN 部分(包括 CS、边缘节点和 RBS)和 SDN 控制器部分。对于卫星系统部分,卫星起着原子钟信号发生器的作用,一些特定的 GBS 将接收信号。在 RoFN 的体系结构中,光传输网络(Optical Transmission Network,OTN)用于互连 CS、GBS 和边缘节点,而分布式 RBS 被融合到 OTN 中。因此 SD-RoFN 是由卫星和 RoF 两种资源组成的,两者都是由 SDN 控制器以统一的方式使用 OpenFlow 协议进行软件定义和控制的。由于 SDN,SD-RoFN 中有 3 种传输模式,如图 6-1(b)所示。第一种模式是通过 OTN 在 GBS 之间传输。例如,一些 GBS 处于无法从卫星接收信号的位置,它可以通过光纤从邻近的 GBS 接收信号。这种模式的优点是 GBS 可以通过 OTN 互连。第二种模式是通过 RoFN 在 GBS 和 RBS 之间进行传输。通过这种模式,我们可以实现卫星与移动网络之间的通信,并可以实现 5G 移动网络的定时服务。第三种模式是通过 RoFN 在 GBS 之间传输。它体现了 RoFN 与卫星通信的结合,它包括前两种模式。它不仅可以实现 OTN 之间的 GBS 通信,还可以实现卫星与移动网络之间的连接。也就是说,RBS 通过 RoFN 从卫星获取时间信号,并且 GBS 需要同时获得时间信号。但是对于这个 GBS,它并没有直接与其他 GBS 连接,因此它可以从最近的 RBS 接收信号。因此该方法具有广泛的适用性。SD-RoFN 的优势在于两方面,首先,SD-RoFN 强调卫星系统与 RoFN 之间的协作,以克服量化误差。其次,基于 RoFN 和 SDN 的网络架构极大地简化了系统结构,丰富了传输模式,是提高交互性、提高传输能力的有力解决方案。

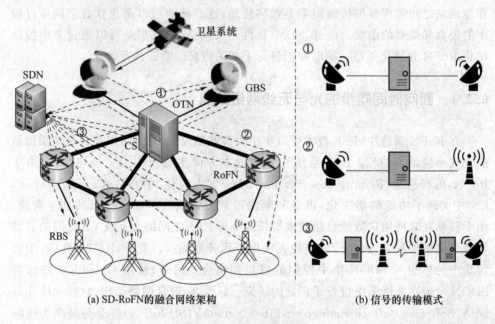

(a) SD-RoFN的融合网络架构　　　　　　(b) 信号的传输模式

图 6-1　SD-RoFN 网络架构及信号传输模式

6.2.2　基于软件定义控制器的光与无线网络架构时间同步方案

为了保证 5G 时间同步的准确性,还要保证卫星导航系统的定位、通信和导航质量,所以我们需要保持不同站点之间的同步精度。然而,卫星时间同步方案要求天线具有良好的视野以确保接收器可以接收到有效信号。虽然使用 IEEE 1588 时钟同步协议可以解决时间同步精度和成本高的问题,但在时间同步过程中,时钟信号以数字方式传输,在量化过程中信号会产生失真,从而导致接收器无法识别确切的时间。而数字处理增加了时钟传输的时延,最终对同步延迟和精度有一定的影响,从图 6-1(a)可以看出,我们可以使用 3 种同步网络。第一个是 GBS 的端到端同步网络,它适用于短距离 GBS 的同步。第二个是移动网络的同步网络,它提供单向时间同步方案。第三个是结合前两个场景的混合方案,它不仅提供 GBS 之间的同步网络,还提供移动网络中的同步网络。因此,考虑经济效益和其他因素,我们设计了一种基于 SD-RoFN 的第四种同步方案。

基于 SD-RoFN 的时间同步方案如图 6-2 所示。基于功能架构,我们在 SD-RoFN 中提出了一种原子钟同步方案,即卫星生成的原子钟时间通过 RoFN 链路传输到其他网络单元,如 RBS、GBS。以因偏远而无法接收卫星信号的 GBS 为例。首先,特定 GBS 接收卫星系统产生的原子钟模拟同步信号。然后,同步信号将通过 RoFN 链路发送到 RBS。此后,相邻 RBS 可以共享由特定 RBS 通过无线模式接收的模拟同步信号。最后,从相邻 RBS 接收信号的 RBS 可以通过 RoFN 链路将模拟同步信号发送到网络的每个单元,包括偏远的 GBS 和无法接收卫星信号的 GBS。

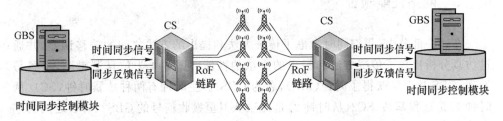

图 6-2　基于 SD-RoFN 的时间同步方案

更具体地说,时间同步过程可以分为两个步骤,并且"Follow_up"信号同步消息由射频信号承载,即 RoF 链路发送原子钟同步信号。当信号到达时,每个网络元素都将提取消息以获得准确的时钟。对于其他同步信号,它们保持数字信号的传输。总之,在同步过程中只有"Follow_up"消息是模拟的,其用于将原子钟信号发送到每个网络单元,以实现高精度时钟同步。

具体的时间同步过程如图 6-3 所示。第一步,主时钟(master)发送(send)同步消息 Sync,从时钟(slave)记录 Sync 的准确到达时间(T_2)。Follow_up 中包含主时钟发送 Sync 消息时的时间(T_1)。然后我们可以计算传播偏移量。第二步,从设备向主设备发送 Delay_req(T_3)消息并返回 Delay_resp(T_4)消息。然后,我们可以精确计算在特定网络部分上传输消息所需的时间。在这两个步骤之后,我们可以使用以下公式来获得延迟和偏移,并完成时间同步。

$$T_2 = T_1 + \text{offset} + \text{delay} \tag{6-1}$$

$$T_4 = T_3 - \text{offset} + \text{delay} \tag{6-2}$$

$$\text{offset} = (T_2 - T_1 - T_4 + T_3)/2 \tag{6-3}$$

$$\text{delay} = (T_2 - T_1 + T_4 - T_3)/2 \tag{6-4}$$

$$偏移误差＝|\text{offset}_{理论}-\text{offset}_{实际}| \tag{6-5}$$

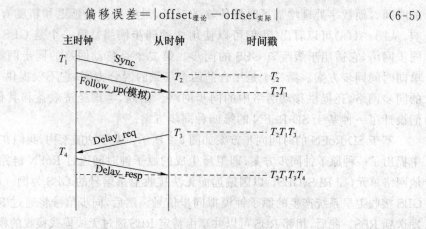

图 6-3　时间同步模型

6.2.3　网络性能验证

在这一部分中,我们同时考虑了传统方法和提出的方法之间的偏移误差,并通过仿真分析比较了传统方法和提出的方法的性能。图 6-4 为仿真逻辑图,很容易发现,GBS 从卫星获得主时钟(MC),名为 GBS1。主时钟有两种从属时钟,SC1(从时钟 1)是远程基站,SC2(从时钟 2)是无法从卫星接收信号的 GBS2。SC 之间的差异是传输距离和传输模式。从图 6-4 中可以看出,GBS 通过光纤、中心站(CS)来连接远程基站,RBS 通过无线方式相互通信。从而 SC1 通过光纤从 MC 获取时间信号,SC2 通过光纤和无线获取信号。注意,传统的 IEEE 1588 同步基于 MC 和 SC 通过对称链路连接的条件。因此,为了证明这种方法的广泛适用性,我们引入了不对称比率,不对称比率定义为主-从方向的端到端延迟除以从-主方向的端到端延迟。我们记录不对称比率变化时的偏移变化。

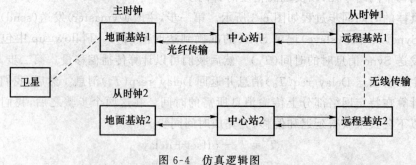

图 6-4　仿真逻辑图

为了在仿真中获得更好的对比效果,我们通过公式(6-5)来定义偏差误差。SC的偏移量设置为 50 s。主-从方向的端到端延迟将假定为 25 ms。该不对称比率范围为 1∶1 至 8∶1。图 6-5 显示了根据不对称比率在从时钟中的偏差误差的分析结果。

从图 6-5 中，我们比较了传统方法和提出的方法中 SC1 和 SC2 的仿真结果。有 3 个重要结果。第一个是偏差误差随着不对称比率的增加而增大；第二个是 SC1 总是优于 SC2；第三个是提出的方法明显优于传统方法。具体来说，从图 6-5 中我们可以发现传统方式 SC1 和 SC2 之间的差异比我们提出的方法要大。换句话说，我们提出的方法在提到不对称比率时具有一定的稳定性和独立性。此外，SD-RoFN 架构的偏置误差范围为 200 ns～1 μs，可以满足 5G 移动网络标准的需求。

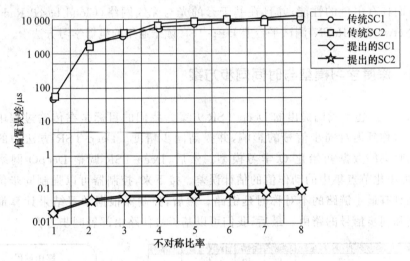

图 6-5　传统方法和提出方法的比较结果

6.3　基于增强学习的高精度时间同步方法实现机制

5G 应用〔如载波聚合（Carrier Aggregation，CA）、万物互联（Internet-of-Everything，IoE）和卫星系统支持的无线网络〕的研究在不断推进[8]，5G 应用的超低延迟需求不断推动时间同步精度的要求。学术界和工业界普遍认为，前传的时间同步精度要求在 5G 以上为 +/－100 ns。然而，诸如网络时间协议（Network Time Protocol，NTP）和 IEEE 1588 精确时钟同步协议（precision clock synchronization protocol）之类的传统方案远远落后于时间同步的纳秒精度。

从统计数据来看，链路不对称是限制同步精度的主要原因。在传统的传输网络中，同步信号是通过双向方式发送的。然而，由于上行链路和下行链路的长度不同，当前网络使用的双向光纤实际上不是对称的。即使同步信号在同一光纤中传输，色散、折射率、温度和不稳定的无线链路也会导致不对称延迟。例如，在 50 km 光路中，由色散引起的不对称延迟可达到 1 088.25 ns，远远无法达到我们的预期。

此外,当前和下一代前传是完全动态的并且可以重新配置,其中由于成本和工程的复杂性,所以难以直接测量非对称延迟。因此,最小化非对称延迟的影响是实现超高精度时间同步的关键。

为了解决上述问题,我们提出了一种基于深度强化学习的路由优化方案(Deep Reinforcement Learning based Routing Optimization Scheme,Deep-TSR),来减少非对称延迟对前端时间同步精度的影响。我们创建了一个能够成功学习并找到具有最小非对称延迟的路径的单个神经网络。我们的实验测试表明,Deep-TSR 在减少非对称延迟方面具有出色的性能,并且在基于云的光与无线网络(Cloud based Radio over Fiber Network,C-RoFN)测试平台上 Deep-TSR 优于通用的机器学习方法[9]。

6.3.1 深度学习模型与时间同步方案

图 6-6 描述了我们提出的 Deep-TSR 方案。我们的目标是在传输过程中尽量减少非对称延迟对同步信号的影响,并提高同步精度。Deep-TSR 方法中的控制器使用收集的数据初始化 Q 学习模型。然后,Deep-TSR 调整 DeepQ 网络的参数,以最小化节点集中的动作值的估计误差。接下来,控制器可以强制同步信号自动找到具有最小链路的不对称时延链路。然后,控制器根据学习结果计算最佳发送时间和同步信号的路由。最后,我们可以基于最佳路由部署同步方案。

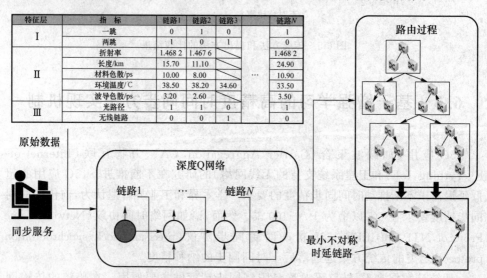

图 6-6 Deep-TSR 的主要流程

Deep-TSR 中的 DQN 通过深度强化学习算法在自学习中进行训练。本章参考文献[10]中展现了 DQN 的技术细节。Deep-TSR 使用一种非常简单的路由搜索策略,可在未来的前传中进行部署。在搜索算法中,网络中的每个节点都包含所有可能操作的链接。另外,每个链接都存储一组统计数据,包括访问次数 $N(s,a)$、总动作值 $W(s,a)$、平均动作值 $Q(s,a)$ 和链接搜索概率 $P(S,A)$。DQN 的初始输入包括 3 个特征平面的二维矩阵。第一个特征平面指示当前链接的状态,包括双向或单向链接。第二个特征平面表示链接的相应特征。在机器学习算法验证之后,以下参数具有最高的相关度:长度、折射率、环境温度、材料色散和波导色散。第三个特征平面代表链路类型,包括光路和无线链路。

我们采用 DQN 路由搜索策略。每次仿真都从初始状态开始并迭代地选择路由,直到找到具有最小链路不对称性的链路。该最佳链接由网络扩展来生成先验概率并进行评估[11]。

获得学习结果后,我们可以部署时间同步方案。Deep-TSR 算法的主要过程如图 6-7 所示。控制器获取每个设备的同步服务请求信息和网络资源状态。然后,控制器通过交换节点将同步业务请求发送给 Deep-TSR 学习模块。同时,学习模块通过 1588 协议为即将到来的服务创建时间戳,并且转发同步模块将其计算到下一个节点。学习模块根据服务请求和周期的网络状态记录最小非对称延迟路由。根据学习结果决定进行最优路由的次数,控制器将服务请求信息发送给主时钟。之后,时间同步模块计算主时钟和从时钟之间的时间误差。当时间误差随着主时钟的时钟同步保持稳定时,为同步服务分配资源。最后,学习模块根据前一时段的数据更新路由信息。

算法 1:Deep-TSR

输入:初始化 $Q(s,a)$,权值 $a \in [0,1]$,奖励 R,时间误差 $T \in \{t_1, t_2, \cdots, t_N\}$。
输出:具有最小同步时延的链路。
1:获取链路和服务信息
2:为新到达服务构建时间戳
3: for 每个片段 do
4:　　　　根据 Q 网络为服务 M_i 选择路由 S_j
5:　　　　对 S_j 实施行动,并观察奖励 R
6:　　　　计算 N_j 的同步时延
7:　　　　将 $Q(S_j,a) + \alpha[R + maxQ(S_j+1,a) - Q(S_j,a)]$ 赋值给 $Q(S_j,a)$
8:　　　　将 S_j 赋值给 S
9:　　　　直至 S 完成所有赋值
10:　　　 for 每条链路 do
11:　　　　　 计算时间误差 T
12:　　　 end for
13: end for
14:根据以往数据更新路由信息

图 6-7 时间同步方案的伪代码

6.3.2 网络性能验证

我们的 C-RoFN 测试平台是一款多核服务器,具有 12 个物理 2.90 GHz CPU 内核、2 个 NVIDIA GTX1080 Ti GPU 内核和 80 GB RAM。服务器运行 Ubuntu 16.04。我们使用 python 2.7/3.5 通过 TensorFlow 1.2.1 在 CUDA 8.0(cuDNN 6.0)中编译代码[12-14]。在数据平面中,使用两种无线强度调制器和检测模块,其由工作在 40 GHz 频率的微波源驱动。如图 6-8 所示,中央单元(Central Unit,CU)通过光纤网络上的无线启用。在无线层中,分布式 RRH 互连并融合到 EON 中。在控制层中,中央控制器从光和无线链路收集操作和维护数据,然后在部署路由之前分析数据。训练过程始于完全随机行为,持续约 5 周。在训练过程期间,操作了超过 3 000 个自学习节点集,每次路由过程都用 300 个节点集进行模拟,以避免过度拟合。

在图 6-9(a)中,我们可以看到算法通过连续自学习后变得越来越强,在几次学习之后,它学会了找到具有最小链路不对称性的链路。此外,Deep-TSR 算法可以有效地减少链路不对称引起的延迟,这表明 Deep-TSR 能够从 C-RoFN 状态获得合理的特性,并学习正确的路由策略。在经历了 900 000 次学习之后,Deep-TSR 算法与一般延迟算法没有明显的差异。经过 1 400 000 次学习,使用 Deep-TSR 算法可以实现更低的延迟率。经过 1 500 000 次学习后,延迟基本稳定。

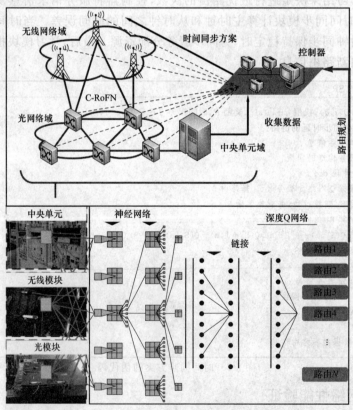

图 6-8　Deep-TSR 和演示设置的实验测试平台

　　为了进行比较,我们还使用监督学习来训练神经网络。功能和请求与 Deep-TSR 完全相同。通过具有动量和学习速率退火(Learning Rate Annealing,LRA)的随机梯度下降(Stochastic Gradient Descent,SGD)来优化指标,但是将均方误差 (Mean-Squared Error,MSE)分量加权 0.01 倍。从图 6-9(b)中可以看出,监督学习的结果在一开始就比 Deep-TSR 算法好,但它并不优于 Deep-TSR。值得注意的是,Deep-TSR 算法总体上表现得更好,在 35 万次学习之后完全优于监督学习算法。这表明没有给定标签的学习过程更适合同步信号的路由。算法稳定后,平均同步精度可达 74 ns,符合我们的预期。因此,通过减少同步信号路由算法支持的链路不对称性,可以有效地提高时间同步精度。

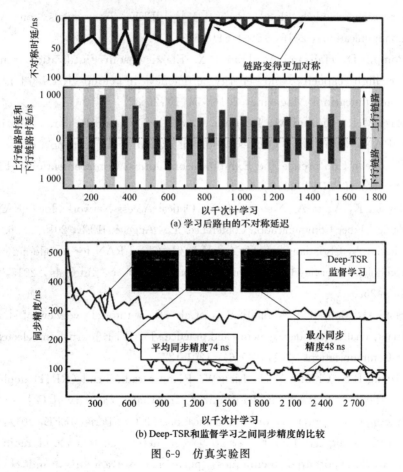

(a) 学习后路由的不对称延迟

(b) Deep-TSR和监督学习之间同步精度的比较

图 6-9　仿真实验图

6.4　本 章 小 结

　　本章针对光与无线网络的时间同步需求,重点进行了光与无线网络时间同步模型的理论分析,构建了面向时间同步的光与无线网络架构,提出了基于软件定义控制器的光与无线网络架构时间同步方案,设计了基于增强学习的高精度时间同步方法实现机制,进行了仿真实验,实验结果表明提出的时间同步方案可以满足5G 移动网络标准的需求。

6.5 本章参考文献

［1］ Tao M，Chen E，Zhou H，et al. Content-centric sparse multicast beamforming for cache-enabled cloud RAN［J］. IEEE Transactions on Wireless Communications，2015，15(9):6118-6131.

［2］ Pompili D，Hajisami A，Tran T X. Elastic resource utilization framework for high capacity and energy efficiency in cloud RAN［J］. IEEE Communications Magazine，2016，54(1):26-32.

［3］ Raza M R，Fiorani M，Rostami A，et al. Dynamic Resource Sharing for C-RANs with Joint Orchestration of Radio and Transport［C］// 42nd European Conference and Exhibition on Optical Communications (ECOC). Dusseldorf:VDE，2016:18-22.

［4］ Tanaka K，Agata A. Next-generation Optical Access Networks for C-RAN［C］// Optical Fiber Communication Conference. Los Angeles:IEEE，2015:22-26.

［5］ Checko A，Christiansen L H，Yan Y，et al. Cloud RAN for mobile networks—a technology overview［J］. Communications Surveys & Tutorials，2015，1(17):405-426.

［6］ Shafi M，Molisch A F，Smith P J，et al. 5G:a tutorial overview of standards，trials，challenges，deployment，and practice［J］. IEEE Journal on Selected Areas in Communications，2017，35(6):1201-1221.

［7］ Huang B S，Chiang Y H，Liao W. Remote radio head (RRH) deployment in flexible C-RAN under limited fronthaul capacity ［C］ // IEEE International Conference on Communications (ICC). Paris:IEEE，2017:1-6.

［8］ Li Y，Jiang T，Luo K，et al. Green heterogeneous cloud radio access networks:potential techniques，performance trade-offs，and challenges ［J］. IEEE Communications Magazine，2017，55(11):33-39.

［9］ Xu S，Wang S. Baseband unit pool planning for cloud radio access networks:an approximation algorithm ［J］. IEEE Communications Letters，2017，21(2):358-361.

［10］ Alimi I A，Teixeira A L，Monteiro P P. Toward an efficient C-RAN optical fronthaul for the future networks：a tutorial on technologies，requirements，challenges，and solutions ［J］. IEEE Communications Surveys & Tutorials，2018，20(1)：708-769.

［11］ Yang H，Yuan J，Yao H，et al. Blockchain-based hierarchical trust networking for JointCloud［J］. IEEE Internet of Things Journal，2019，3(7)：1667-1677.

［12］ Yang H，Zhang J，Ji Y，et al. Performance evaluation of data center service localization based on virtual resource migration in software defined elastic optical network［J］. Optics Express，2015，23(18)：23059-23071.

［13］ Yu A，Yang H，Xu T，et al. Long term traffic scheduling based on stacked bidirectional recurrent neural networks in inter-datacenter optical networks［J］. IEEE Access，2019，7(1)：182296-182308.

［14］ Yang H，Cheng L，Luo G，et al. Survivable virtual optical network embedding with probabilistic network-element failures in elastic optical networks［J］. Optical Fiber Technology，2015(23)：90-94.

第7章 光与无线网络生存性保护方法

7.1 光与无线网络的生存性需求分析

随着移动互联网和物联网的发展,网络运营商(如 AT&T、西班牙电信、中国移动等)已经重新设计了光与无线网络。这样的网络可以被控制调节,以提供用户和资源之间的有效访问,运营商使用接入网来部署服务,有着支持更高的数据速率、出色的端到端性能以及无所不在的用户覆盖、低延迟、低功耗和低成本[1]等特点。目前,第五代(5G)无线通信系统[2]与 4G 无线通信系统相比可以使系统容量增长至少 1 000 倍,能源效率增长至少 10 倍。为了使 5G 满足上述特点,运营商引入了云无线接入网(C-RAN),该系统旨在减少运营和资本支出,并促进实时计算,以提供更好的服务[3-4]。C-RAN 将所有基站的计算资源集中到一个基带单元(BBU)池中,而分布式无线频率信号则由射频拉远头(RRH)从不同地理分布的天线中收集。在 BBU 池中进行集中处理的一个先决条件是一个具有高容量和低延迟的互联的前传网络,它是通过光传输的平台。

然而 RRH 和 BBU 之间的交互与云端 BBU 间的资源调度变得更加复杂和频繁。这就导致了前传网络常常由于其带宽和延迟,限制了系统规模和用户需求的发展。已有研究在云光与无线网络(Cloud-Radio over Fiber Network,C-RoFN)中使用弹性光网络,以增强弹性光纤变换和网络资源效率。然而越来越多的本地应用会在 RRH 和集中的 BBUs 之间产生大量冗余信息,从而加剧了前传的网络约束。此外,计算在网络的边缘放置了大量的存储、通信、配置和控制通道,而不是集中设置通道,这可以将传统的计算扩展到边缘网络上[5-6]。它可以利用当地的计算资源来解决带宽和延迟的挑战。此外,作为一个集中的软件控制架构,支持OpenFlow 软件定义网络(Software Defined Networking,SDN)因为可以支持网络功能和协议[7-8]的编程性而变得流行起来,该网络能以一个全局视图为各种资源提供统一的控制,从而实现功能和服务的联合优化[9-12]。同时,一些研究利用 SDN控制 RoF 系统[13-14],提高了 RoF 传输的弹性。因此,在这样的环境中,应用 SDN技术来控制和优化计算是非常必要的。

7.2　面向光与无线网络的跨层资源保护策略研究

在前文中已经介绍了在基于 SDN 控制的 C-RoFN 中的多层资源优化[15-18]。为了克服在 5G 通信中 C-RoFN 的复杂性和延迟，我们扩展了本地缓存的功能。在光与无线网络(F-RoFN)的基础上，我们提出了一个新的跨阶层资源保护策略，用于 5G 服务的软件定义网络控制。此外，考虑网络抗毁能力，资源选择的跨层保护(CSP)方案矩阵被引入所提出的架构。跨层资源保护(Cross Stratum Resource Protection，CSRP)架构中 CSP 方案通过有效地取得远程本地处理资源，来进行事先联合的无线资源管理，提高对动态终端 5G 服务需求的响应能力和弹性，并在全局范围内优化光网络、无线和资源。在我们的软件定义网络测试平台，从时延、传输成功率、资源占用率和阻塞率等方面验证了所提架构的可行性和有效性。

7.2.1　基于跨层保护的光与无线网络架构

我们在前文介绍了云光与无线网络(C-RoFN)，介绍了三层资源：无线、光谱和处理资源。该研究可以提高服务带宽，减少由于处理而导致的维护成本。然而，随着移动互联网的发展，5G 对移动用户的延迟有严格的要求，所以 F-RoFN 进一步优化了 C-RoFN 的架构，并将集中式缓存功能从 BBU(C-RoFN)转移到分布式的本地端，这可以利用计算，增强 5G 场景中的服务弹性。基于我们所提出的架构，跨层资源保护在本地实现处理资源，并在出现故障时增强对动态端到端 5G 服务需求的响应能力。它能以一种开放系统的控制方式，有效地分配无线、光网络和处理资源。本节简要地指出了架构的主要核心。在此之后，本节详细地介绍了 CSRP 的功能构建块和它们之间的耦合关系。

图 7-1 为软件定义的 F-RoFN 中的 CSRP。在这里，弹性光网络被聚合到光网络中，为无线信号分配更细粒度的定制频谱，以此来连接 BBUs 和分布式的 RRHs。如图 7-1 所示，BBUs 部署处理层资源，而 RRHs 具有无线通信资源和部分逻辑处理资源。F-RoFN 用于减少服务的延迟，并在 5G 场景中增强服务的弹性。为了提高服务质量，我们把集中缓存的功能从 C-RoFN 的 BBU 转移到分布式局部。F-RoFN 有一种新型的被称为层的资源。准确地说，F-RoFN 由 4 个层状资源组成，即分布式无线层资源、分布式逻辑层资源、光网络频谱资源和 BBU 层资源。在这个场景中，逻辑层和无线层已经被抽象出来了。由于在这种情况下存在一种新的雾资源，因此 F-RoFN 用一个雾控制器来管理和控制雾层资源。图 7-1 显示了 F-RoFN 的资源层和应用程序场景之间的逻辑关系。每一层都是软件定义

的,由无线控制器(RC)、控制器(FC)和光控制器(OC)通过 OpenFlow 协议(OFP)在统一平台进行控制。为简单起见,BBC 控制将在未来的工作中被考虑。在此基础上形成了该架构中的两个应用程序,如图 7-1 所示。一种是传统的业务,由雾控制器和无线控制器管理,源和目标节点分别被配置为天线和 BBU。另一种是本地业务,由光控制器进行管理,由于一些处理或存储资源是在本地进行的,所以从天线到源的路由选择较短,这可以减少延迟和频谱资源,提高使用的 QoS 以满足 5G 的要求。为了用 OFP 控制 CSRP,需要使用由 OFP 代理软件的支持 OpenFlow 的 RRH 和带宽可变光网络开关,这被称为"OF-RRH"和"OF-OS"[19-20]。选择 F-RoFN 架构的原因有二。首先,CSRP 强调了 RC、FC 和 OC 之间的合作,以实现多无线和光网络资源层的集成和优化。其次,为了增强服务的弹性,缓存和部分存储资源是在本地端实现的,同时实现了计算。一旦网络或层失效,单一层的保护不能保证端到端的 QoS,FC、RC 和 OC 之间的 CSRP 交互给用户提供了恢复连接和服务的功能。

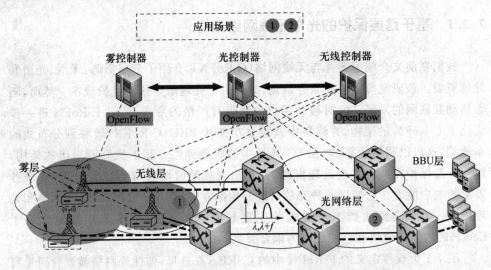

图 7-1　基于光与无线网络的 CSRP 架构

为了实现上面描述的功能架构,需要扩展无线控制器、控制器和光网络控制器,以支持 CSRP。下面介绍了这些功能模块之间的职责和交互。在这里,为了实现 CSRP 对 F-RoFN 的控制,OpenFlow 协议流表中的进入流被扩展。在这个架构中,规则被扩展为输入/输出端口、中心频率、网格、信道间距、频谱带宽、无线频率,这是 F-RoFN 的主要特征。节点的操作主要包括 4 种类型:添加、切换和删除带有指定适配器功能的端口/标签的路径(例如调制格式),并删除一条路径以恢复设备原始状态。功能模块如下。

① 控制器通过监测模块定期获得逻辑层资源信息,或基于事件触发。为了方便地利用光和处理层资源的跨层保护来进行路径计算,FC 的跨层保护可以定期提供用于计算资源的信息,并从 OC 获得结果,同时通过光接口(Optical-Fog Interface,OFI)与 OC 进行交互。

② 无线控制器对无线资源的管理和控制作出响应。RC 的射频(RF)监测模块在 RRH 里获得和管理虚拟无线资源,而射频分配模块则通过使用 OFP 来执行计算路径的无线频率分配。这些信息可以通过无线光接口(Radio Optical Interface,ROI)在 RC 和 OC 之间进行交互。

③ 在光控制器中,网络虚拟化模块负责虚拟化所需的光网络资源,并通过修改的 OpenFlow 模块进行信息交互,从而可对弹性光网络进行感知。为了获得 RoF 系统的拓扑结构,无线控制器将射频利用率发送给光网络控制器。在 OC 中,RoF 拓扑模块将它们与带有频谱利用信息的光网络拓扑进行集成,这意味着可以对 RoF 系统的集中拓扑进行查看。在网络链路或节点完全故障的情况下,CSRP 控制模块会决定应用与连接相关的保护方案,并对无线、光和资源进行跨层保护。它会确定哪个节点是服务弹性的备份目的地,计算工作和保护路径,分配任务的处理和基于集中拓扑的光无线资源。然后,它依次向路径计算单元模块提供这个请求,包括请求参数,如延迟和带宽,并最终返回一个成功回复,包括路径的信息。在这里,PCE 能够基于网络图来计算网络路径或路由。在收到来自 FC 的处理资源信息后,可以在 PCE 模块中完成从 RRH 到资源的端到端工作和保护路径的计算,请注意,在 PCE 模块中,各种策略可以作为插件来替代。改进的 OpenFlow 模块会通过 OFC 提供持续的频谱分配来进行路径计算并执行。当路径成功设置时,路径的信息将被保存到 OC 的数据库管理中,它可以与网络虚拟化模块交互,并为 CSRP 存储虚拟网络和资源。一旦业务请求到达,FC 中的 CSO 代理就会定期提供计算资源的利用率。

7.2.2　跨层资源保护策略

与 C-RoFN 不同,在光与无线网络中,CSRP 架构部署了无线网络、光网和处理资源的多层资源,用于备份资源和计算。在网络链路或节点故障的情况下,由原始节点提供的服务不应仅考虑一种资源,如光或处理资源。考虑网络资源的传统服务保护方案不能进行保护替代服务,基于功能架构,人们提出了一种跨层保护(Cross Stratum Protection,CSP)方案,实现了跨层资源保护跨无线、光和层资源,保证了 QoS 的要求。CSP 方案可以利用灵活计算来保障当节点故障时的保证服务连接。

在光与无线网络架构下,网络可以由不定项向量 $G(V, V', L, L', F, A)$ 表示,其中 $V = \{v_1, v_2, \cdots, v_n\}$ 表示光与无线网络使能的光交换节点集合,而 $V' = \{v_1', v_2', \cdots, v_n'\}$ 代表 RRH 集,$L = \{l_1, l_2, \cdots, l_n\}$ 和 $L' = \{l_1', l_2', \cdots, l_n'\}$ 则分别表示 V 和 V' 节点之间的双向光纤和电缆链路集合,$A = \{A_1, A_2, \cdots, A_n\}$ 代表节点集,而 $F = \{\omega_1, \omega_2, \cdots, \omega_F\}$ 是每个光纤链路中光谱和无线信号的集合。此外,V、V' 表示光网络节点和无线节点;L、L' 表示链路;F 表示频率槽;A 表示节点数量。

在实际操作中,网络用户关心的是服务质量,而不是关注哪个节点提供服务。因此,针对来自源节点 s 的每个服务请求,服务可以被所需的网络和处理资源与相应的服务类型代替。为简单起见,在分析网络时使用所需的网络带宽资源 b 以及所需应用程序资源 ar 和服务类型 st。这里 $SR_i(s, b, st, ar)$ 表示上述第 i 个服务请求,而 SR_{i+1} 将在连接需求 SR_i 时间命令后到达 F-RoFN。更重要的是,在跨层保护的过程中,应该选择无处不在的计算资源节点作为基于该方案的替代目标节点。在 F-RoFN 的场景中,如何在失败的情况下找出备份的计算节点将对保护性能产生巨大的影响。针对 F-RoFN 故障发生后的恢复能力,本方案提出了一种资源选择矩阵来解决这一问题,并将在下一节中进行描述。

资源选择矩阵可用于描述计算资源的部署,以及如何在控制器中选择作为替代目标的备份节点。针对 CSP 的重要目的地选择,在节点中 CPU 使用率或存储利用率会显著影响 CSP 过程中的资源选择矩阵。因此,本书提出了对 CPU 和存储占用的维护方法,并在下文进行了详细的分析。

在服务节点中服务会消耗其 CPU 和 RAM 资源。在这里,每个节点中服务类型的 CPU 利用率都表示为 CPU 占用矩阵 U_d。U_d 中的 $a_{s,i}$ 描述了相应的服务器和表单的 CPU 使用情况,其中的值范围为 $0 \sim 1$。因此,每个节点的 CPU 占用矩阵 U_d 在控制器中用方程(7-1)表示:

$$
U_d = \begin{array}{c} F_d: \quad F_{u1} \quad F_{u2} \quad \cdots \quad F_{u3} \quad \cdots \quad F_{uA} \quad T_s(u) \\ \begin{bmatrix} a_{1,1} & a_{1,2} & \cdots & a_{1,i} & \cdots & a_{1,A} \\ a_{2,1} & a_{2,2} & \cdots & a_{2,i} & \cdots & a_{2,A} \\ \vdots & \vdots & & \vdots & & \vdots \\ a_{s,1} & a_{s,2} & \cdots & a_{s,i} & \cdots & a_{s,A} \end{bmatrix} \begin{matrix} T_1(u) \\ T_2(u) \\ \vdots \\ T_s(u) \end{matrix} \end{array} \tag{7-1}
$$

矩阵 U_d 中的每一行 $T_s(u)$ 都表示在服务类型中第 i 个节点的 CPU 利用率,而矩阵中的每一个列向量 F_u 都表示对应服务类型中每个节点的 CPU 使用情况。在这里,F_u 中元素的总和描述了在第 i 个节点中当前服务类型的 CPU 使用情况,它不能超过服务器的全部容量。为简化分析 CSP 模型,假设节点中的服务器资源只包含 CPU 和存储。以类似的方式,每个节点的存储可以使用一个存储利用率矩阵 D_d 来表示,它是在控制器中集中维护的。

$$D_d = \begin{matrix} F_d : & F_{u1} & F_{u2} & \cdots & F_{ui} & \cdots & F_{uA} & T_s(u) \\ & \begin{bmatrix} b_{1,1} & b_{1,2} & \cdots & b_{1,i} & \cdots & b_{1,A} \\ b_{2,1} & b_{2,2} & \cdots & b_{2,i} & \cdots & b_{2,A} \\ \vdots & \vdots & & \vdots & & \vdots \\ b_{s,1} & b_{s,2} & \cdots & b_{s,i} & \cdots & b_{s,A} \end{bmatrix} & \begin{matrix} T_1(u) \\ T_2(u) \\ \vdots \\ T_s(u) \end{matrix} \end{matrix}, b_{s,i} \in [0,1) \quad (7\text{-}2)$$

因此,我们将资源选择矩阵定义为节点间的资源占用情况。该矩阵的每个元素都表示相应的节点和服务类型的资源利用率。在方程(7-3)中,$a_{s,i}$ 和 $b_{s,i}$ 分别是 CPU 占用矩阵和存储利用矩阵的元素,在 CPU 之间的动态重量和存储参数描述为 θ。参数 a_{Ts} 代表某事服务类型的节点存储利用率,范围从 0 到 1。当某一服务类型的内容被第 i 个节点提供时,$a_{s,i}$ 的值取 a_{Ts} 和 $C_{s,i}$ 满足等式 $C_{s,i} = [\theta \cdot b_{s,i} + a_{s,i}(1-\theta)]$ 时的值。此外,当第 i 个节点不服务于这种类型的服务时,a_{Ts} 和 $C_{s,j}$ 的值都是零。因此,在 CSP 的过程中,基于雾资源选择矩阵,应用率最小的雾将作为备份目标候选。

$$C_{s,i} = [\theta \cdot b_{s,i} + a_{s,i}(1-\theta)] \cdot a_{s,i}/a_{Ts}, a_{Ts} \in [0,1) \quad (7\text{-}3)$$

根据从资源中收集的处理状态,以及由 RC 和 OC 提供的无线和光条件,跨层保护方案可以首先选择合适的节点。为了度量选择的业务提供方案的合理性,我们将 α 定义为考虑所有层参数的交叉层因子。光层的参数包含每个候选路径的跳数 H_p,以及每个链路上所占用网络带宽的比重 W_l,这些参数与相应链路的负载成本有关。无线参数包含当前信号的符号率 B_r 和无线频率 F_r。因此,光网络功能被表示为式(7-4),而无线功能被表示为式(7-5)。从另一个角度看,应用函数可以基于资源选择矩阵表示为式(7-3)。

$$f_{bc}(H_p, W_l) = \sum_{l=1}^{H_p} W_l \quad (7\text{-}4)$$

$$f_{\alpha}(B_r, F_r) = B_r^2 / F_r \quad (7\text{-}5)$$

$C_{s,j}^1, C_{s,j}^2, \cdots, C_{s,j}^k$ 表示至少有 k 个候选节点的参数,而 $f_{b1}, f_{b2}, \cdots, f_{bk}$ 和 $f_{c1}, f_{c2}, \cdots, f_{ck}$ 则分别代表其中的光和无线参数。因此,全局评估因子 α 可以用式(7-6)表示,β 和 γ 为在 BBU、光和无线参数中可调节的权重。

$$\alpha = \frac{C_{s,j}}{\max\{f_{a1}, f_{a2}, \cdots, f_{ak}\}}\beta + \frac{f_{bc}(W_l, H_p)}{\max\{f_{b1}, f_{b2}, \cdots, f_{bk}\}}\gamma +$$

$$\frac{f_{\alpha}(B_r, F_r)}{\max\{f_{c1}, f_{c2}, \cdots, f_{ck}\}}(1-\beta-\gamma) \quad (7\text{-}6)$$

我们提出了一种基于上述光网络控制器的 F-RoFN 功能架构的跨层保护方案,其包括如图 7-2 所示的两个阶段。第一阶段:CSP 策略会选择目标节点并通过跨层资源来评估网络的状态。我们假定节点包括计算和存储资源。CSP 策略会根据节点的利用率在层的链接无线信号和持续光谱路径的 k 个候选节点中选择最佳的节点。在无线和光层中会选择 k 个候选节点中有着最小跨层因子 α 的节点。

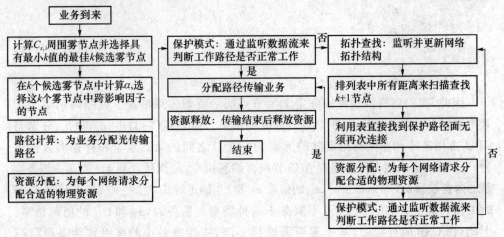

图 7-2　CSP 的流程图

CSP 策略的第二阶段是路径调节。在目标选择之后,CSP 方案的第二阶段是路由、无线和频谱分配过程。Dijkstra 算法[21]是经典的最短路径算法,它经常被用作路由算法。该方案的这一阶段的核心过程是在已知 k 条最短路径的情况下,找到第 $k+1$ 条最短路径来提高生存性。将剩余节点与 k 个节点逐个连接,以找到第 $k+1$ 条最短路径。这种算法的特点是在 $N:1$ 保护机制的过程中,在寻找保护路径时具有较高的时间复杂度。当因为主路径错误而需要转向保护路径时,我们可能会再次找到另一条错误的路径。为了解决这个问题,并优化算法,我们提出了一个改进方案。我们将图表中的所有距离排序为扫描以找到 $k+1$ 节点。一旦主方法崩溃,首先我们阻塞路径上的所有节点,这意味着只有 $k-1$ 个节点与其余节点连接。然后,我们可以利用图表直接发现保护路径,而不需要再次连接。这保证了主节点和保护路径是物理分离路径,同时减少了算法的时间复杂度。我们假设在无线和频谱分配阶段有三维资源,包括无线频率、频谱和链路。我们首先考虑使用可用频谱的无线频率分配,然后分配其他合适的频谱资源。然后,在选择了节点后,通过在源节点和目标节点之间的 OpenFlow 协议分配频谱和调制无线频率来建立路径。

7.2.3　网络性能验证

为了评估该体系结构的可行性和有效性,我们搭建了一个光与无线网络的实验平台,如图 7-3 所示,它包含了控制层和数据层。我们之前的测试平台已经建立了带有弹性光网络的 C-RoFN 网络。详细地说,在数据平面中使用了两个模拟的 RoF 强度调节器和检测模块,它由一个以 40 GHz 频率工作的微波源驱动产生双

边带。4 个支持 OpenFlow 使能的配置了 Finisar BV-WSSs 弹性的 ROADM 节点
部署在光网络中。我们使用 Open vSwitch(OVS)作为 OFP 代理的软件,根据 API
来控制硬件,并在控制器和无线与光节点之间进行交互。在这项工作中,可以在服
务器上运行的 VMware ESXi v5.1 创建的虚拟机中实现资源和 OFP 代理。我们
将源与强度调节器一起部署,以模拟计算节点。虚拟操作系统可以方便地建立大
型扩展的实验拓扑。此外,OFP 代理用于模拟数据平面中的其他节点,以支持
F-RoFN 的 OFP。对于 F-RoFN 的 CSRP 控制层,OC 服务器被分配来支持所提议
的架构,并通过 3 种虚拟机进行 CSP 控制、网络虚拟化和 PCE 方案。OC 服务器
作为插入,而 RC 服务器被用作无线频率资源监视器和分配。FC 服务器被部署为
CSP 代理来执行计算。我们部署与 RC 相关的服务信息生成器,它实现了用于实
验的批量 F-RoFN 服务。每个控制器服务器控制相应的资源,而数据库服务器负
责维护交通工程数据库、连接状态和数据库的配置。

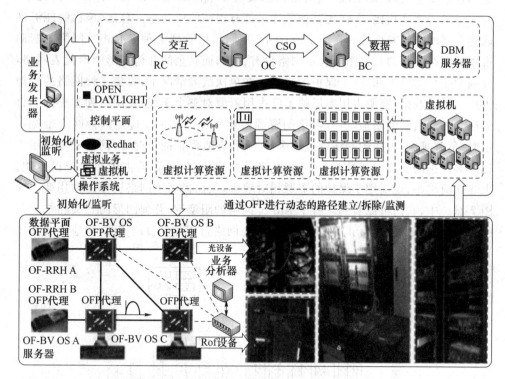

图 7-3　实验测试平台和演示器设置

为了满足用户在 5G 中响应和弹性的要求,F-RoFN 缩短了服务的延迟,并将
远程处理资源放在本地使用端,从而利用了计算的优势,提高了服务效率。在实验
中,通过几十个实验和控制器的计时性能来测量服务的设置/弹性延迟,这包括控
制器的方案处理时间和为了观察和分析的 OFP 传播延迟。控制器和 OFP 传播时

间的方案处理时间分别为 1 ms 和 0.5 ms。设置时间(1.5 ms)比弹性延迟
(1.3 ms)稍高一些,因为备份路径已经计算好了,并且可以通过切换来恢复服务。
在试验台的基础上,我们对 F-RoFN 的服务进行了实验验证和设计,并在严重的流
量负荷场景下对 CSP 的性能进行了评价,与不受保护的跨层优化进行了比较。这
些请求是由从 500 MHz 到 40 GHz 的带宽随机分配的,而在计算中随机选择
5%～20%的带宽。图 7-4(a)到图 7-4(c)比较了两个方案在传输成功率、资源占用
率和阻塞率方面的表现。

图 7-4(a)显示了 F-RoFN 网络的传输成功率,展示了 CSP 方案和无保护
(CSO)F-RoFN 网络。选择网络中故障的数量从 0 到 10,收集了两种网络的成功
率统计数据。很明显,随着故障量的增加,这两种网络的传输成功率逐渐降低,这
是可以理解的。网络中出现的故障越多,源节点出现故障的可能性就越大。然而,
很明显在 1∶1 保护的情况下,网络传输成功率下降缓慢。在没有保护的情况下,
与无保护的网络相比,在任何其他条件下都有很高的成功率。总之,该机制能够准
确地提高网络的安全性。在图 7-4(b)中,我们可以看到 4 种 F-RoFN 网络的资源
占用率。最下面的几何图形表示网络没有保护,而其余的几何图形图形代表网络,
分别为 1∶1、2∶1 和 3∶1 保护的网络。在单次故障情况下,收集 4 种网络的资源
占用率统计数据,资源占用率反映了已占用资源对整个无线、光网络和雾资源的百
分比。随着负载的增加,所有网络的资源占用率逐渐增加。这是因为网络带宽一
定时,负载越大,占用的网络资源越多。然而,在有保护的情况下,网络资源占用率
比没有保护的要高。工作路径与保护路径的比值越小,资源占用率上升得越快。
上述比值越小,说明用于保护的资源相对较多,从而提高了网络资源的占用率。在
图 7-4(c)中,我们可以看到 4 种 F-RoFN 网络的阻塞率,几何图形的意义和结果与
图 7-4(b)相似。这实际上很容易理解,因为网络占用了较多的资源,相应地增加了
自然的阻塞率。

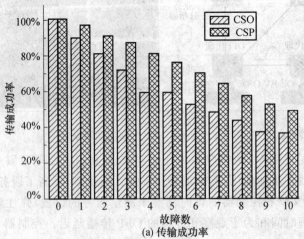

(a) 传输成功率

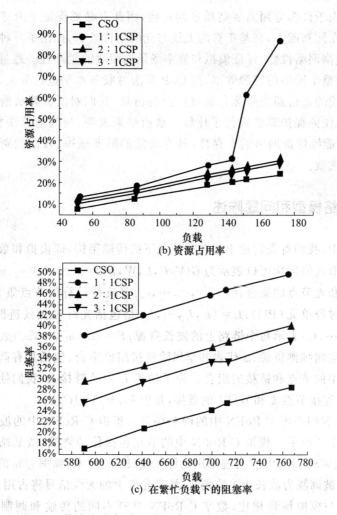

(b) 资源占用率

(c) 在繁忙负载下的阻塞率

图 7-4　传输成功率、资源占用率和在繁忙负载下的阻塞率

7.3　光与无线网络中带宽压缩保护策略

　　随着计算的推广和移动互联网的大规模访问,对于 5G 通信中的移动网络而言,无线接入网已成为可靠的解决方案系统。随着本地应用程序的增加,集中式流量产生了大量流量计算,并且对前传网络造成了沉重的压力。为了避免流量泛洪,基于雾的光载无线网络作为云无线接入网络一种有前景的解决方案,通过利用雾计算可以提供更好的性能和更低的成本。在模拟 C-RoFN 和数字 C-RoFN 的情景中,由灾难引起的网络崩溃是一个威胁网络生存能力并导致用户服务大量中断的

重要因素。由于许多应用需要高质量的连接，因此有必要保证 C-RoFN 崩溃时的服务质量。在此基础上，在基于雾的无线与光网络背景下，提出了一种带宽压缩保护算法，以提高网络性能，保证模拟和数字场景崩溃时的生存性。通过适当减少冗余，可以提升整个网络的资源效率，而 BCP 算法对服务水平进行分类，进一步压缩低级服务占用的备份路径带宽。通过广泛的仿真，我们对所提算法的性能进行了评估，并与传统的保护算法进行了比较。数值结果表明，与其他算法相比，所提出的 BCP 算法能够保证网络的生存性，具有较低的阻塞概率、较高的资源利用率和较少的平均跳数。

7.3.1 网络模型和问题陈述

在本节中，我们首先讨论上述两种情况下的传输架构，即模拟和数字架构。这里两种传输形式的架构可以表示为 $G(V,C,L,W,F,\Delta)$。注意，$V=\{v_1,v_2,\cdots,v_n\}$ 是正常无线和光节点的集合；$C=\{c_1,c_2,\cdots,c_n\}$ 是支持计算的节点集合，例如节点计算功能或过程单元（PU）；$L=\{l_1,l_2,\cdots,l_n\}$ 是包括光纤和无线链路的链路集；$W=\{\lambda_1,\lambda_2,\cdots,\lambda_n\}$ 表示每个链路上的波长资源；$F=\{\omega_1,\omega_2,\cdots,\omega_n\}$ 表示每个无线节点附近的空间频谱资源；Δ 代表共享风险链接组的集合，包括具有高自然崩溃发生率的区域中的节点和链接的组合。为了描述 L 中的链接 l_i，我们使用等于 l_i 的 (k,l) 来表示连接节点 k 和节点 l 的链接，其中 $k,l \in \{V \cup C\}$。

在这里，我们考虑 C-RoFN 中的两个场景。模拟 C-RoFN 中的波长和频谱资源占用如图 7-5 所示。模拟 C-RoFN 中的节点包括移动终端、微基站、宏基站、波长选择开关（WSS）和 PU。通过采用光纤无线（RoF）技术，频率为 ω 的无线信号将通过基站[22]被调制为波长为 λ 的光波，然后光纤上的无线信号将占用 $\lambda-\omega$ 和 $\lambda+\omega$ 的频率[23]。与模拟场景相比，数字 C-RoFN 具有不同的传输和调制过程。数字 C-RoFN 中的节点包括移动终端、微基站、宏基站、波长选择开关和 PU。在接收到从微基站发送的频率为 ω 的无线信号后，宏基站将其转换为数据包格式，并通过光纤采用无线和光纤集成技术。为了避免冲突，波长相同的光波中的不同信号不能在同一根光纤中传输，所以不同的无线信号不能通过相同的无线节点在同一空间中进行传输。因此，频谱资源有两种类型，即无线节点中的射频和光纤中的波长。

为了提高两种模型的可用性，我们考虑必须在 PU 或具有计算功能的节点中处理服务需求，其中包括数据备份或计算的应用。来自特定网络用户的这些服务将需要 PU 或计算节点中的应用程序资源。因此，资源节点是 V 中的某个节点，目的节点可以是 C 中所需应用资源的任何节点。分配的工作路径和备份路径的目的节点可以是 C 中不同的节点。所请求的服务将占用分配的目的节点中的应用资源和工作路径以及备份路径的分配链路中的频谱资源 F。因此，我们将第 i 个服务

请求定义为 $TR_i(s,\theta,q)$,其中 s 表示服务的资源节点,θ 是请求的无线频率要求,q 是所请求服务的服务级别。TR_{i+1} 是 TR_i 之后到达网络的下一个请求。问题描述如下:给定的输入是 $G(V,C,L,W,F,\Delta)$,它是 C-RoFN 发生崩溃时的网络模型。网络请求是 $TR(TR_1,TR_2,\cdots,TR_n)$,它是一组请求。结果是 P_w 和 P_b,分别表示请求的工作路径和备份路径。最后,目标是最小化 P_w 和 P_b 的总频谱资源。

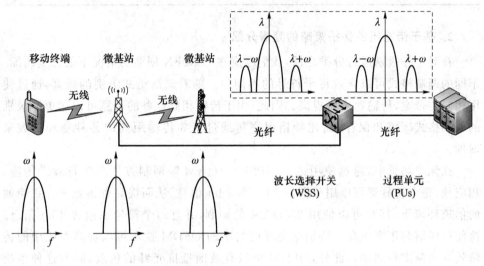

图 7-5　模拟 C-RoFN 中的波长和频谱资源占用

7.3.2　光与无线网络中的带宽压缩保护

基于上述网络模型,我们首先描述业务等级分类,然后根据以下环境中的业务等级设计针对崩溃的带宽压缩保护。

1. 业务等级分类

对业务级别进行分类需要考虑各种因素,包括用户类型、网络租户费用、请求的带宽、设备定制要求等。例如,在需要低误码率的高质量业务中,大型企业的网络业务请求需要大带宽和高可靠性。注意,对于诸如路径距离之类的物理参数,应该将具有较低误码率的调制格式用于这些高质量业务,以便我们将这些业务定义为高可靠性业务(HRS)。一些没有特殊要求的来自个人用户的尽力而为服务只需要基本服务质量保障,这些业务可以被压缩以占用更少的带宽。我们将这些业务定义为压缩带宽业务(SBS)。其余业务既不是 HRS,也不是 SBS,且具有中等质量要求,我们将其定义为传统业务(CS)。表 7-1 描述了具有典型应用的业务的特定分类。

表 7-1 典型应用业务的特定分类

等 级	描 述	典型应用
HRS	高可靠性业务	金融业务、无人车
SBS	压缩带宽业务	E-mail、FTP
CS	传统业务	视频流、广播业务

2. 基于带宽压缩保护策略的频谱分配

在对业务级别进行分类之后,我们考虑在 C-RoFN 崩溃的情况下的带宽压缩。不同的调制格式可以导致每个符号的不同位。随着调制格式级别的提高,通过使用相同的带宽,传输速率将提高。因此,用于传输相同业务的带宽可以用更高级别的调制格式压缩和保存,而比特错误率将通过诸如传输距离的各种物理参数来增加。

在无线场景中,通过使用诸如 QPSK、16QAM 等调制方法来执行频带传输。相应地,每个符号都可以用于携带 2 bit 和 4 bit 信息,从而提高频谱效率。在稳健的信道环境下,甚至可以使用 256QAM 的调制,并且每个符号都包含 8 bit 信息,这使得频谱利用率更高。特别是光纤网络中的 OFDM 技术可以提高系统中的传输效率和频率利用率。此外,OFDM 可以有效地抵抗光纤的色散,同时这种系统的灵活性和可靠性相对较高。

在光网络中,每个符号携带的信息都可以被提高到大于 10 bit,其数量取决于调制类型和子载波的数量,这是通过采用 OFDM 技术将调制和多路复用技术相结合来实现的。然而,由于承载无线信号的影响,调制模式在光纤网络上的无线受到限制,而在具有该无线信号的纯光网络中难以实现频谱利用率和带宽压缩等级的条件。带宽压缩保护的动机如下。首先,我们基于用户对业务的实际需求的级别将业务分为不同的类别。然后,可以基于距离来确定通信备份路径的调制格式和遵循规则的业务。注意,在模拟 C-RoFN 和数字 C-RoFN 场景中,传输距离在小范围内可以从多种候选格式中选择一种调制格式的访问区域。高级业务以更高的调制格式提供,这需要在备份路径中提供更高的业务质量保证。低级别的业务仅需要基本的业务质量,并且可以使用可调节的调制格式进行传输,通过该格式可以压缩和保存带宽。因此,网络性能将在丢失率和资源效率方面得到改善。业务占用的带宽可以用公式(7-7)计算。其中 B 和 B_p 分别表示工作和备份路径中业务的占用带宽,rbps 表示每个符号的比特与所确定的调制格式的比率。B_p 应为整数,因此若它是小数,我们需要四舍五入。

$$B_p = [B/rbps] \tag{7-7}$$

为了描述 C-RoFN 中的带宽压缩保护,我们提供了一个具体的例子。考虑具有 4 个光交换节点、4 个基站和 1 个 PU 节点的 C-RoFN,其中基站 B 具有雾计算功能。X、Y 和 Z 是 3 个移动终端,如图 7-6 所示。每条光纤链路中可用频谱时隙的数量都为 10。这里有 3 个业务请求按顺序到达该网络。首先,来自移动终端 X 的 HRS 请求到达网络,并且它需要使用 QPSK 的 6 个频谱时隙。为了分配资源,路径 X-B 和路径 X-E-H-I 分别被计算为工作路径和备用路径。然后,使用 QPSK 的具有 4 个频谱时隙的 CS 的第二业务请求到达移动终端 Z,设置工作路径和备用路径,分别称为 Z-D-H-I 和 Z-C-G-B。最后,使用 QPSK 的具有 8 个频谱时隙的 SBS 请求到达移动终端 Y。最佳工作路径和备用路径分别建立为 Y-B 和 Y-G-H-I。然而,对于链路 H-I,先前的业务已经填满了链路的频谱资源,其不能承载任何其他业务。这种新请求必须使用较长的路径分配或直接阻止。通过在这种情况下使用 BCP 算法,第二 CS 请求和 SBS 请求可以在备份路径中分别传输 16QAM 和 64QAM 的高级调制格式业务。在备份路径中仅使用 2 个时隙作为 CS 请求和 SBS 请求的占用频谱时隙。然后,链路 H-I 可以通过压缩低级别的业务带宽来承载更多业务。因此,BCP 算法还可以用于模拟 C-RoFN 和数字 C-RoFN 场景,以提高网络流量的容量。而且从各自的应用灵活性来看,BCP 可以平衡网络中的流量,并且通过选择不同的目的节点,如雾节点、云节点,分别作为工作路径和备份路径,来避免请求阻塞。

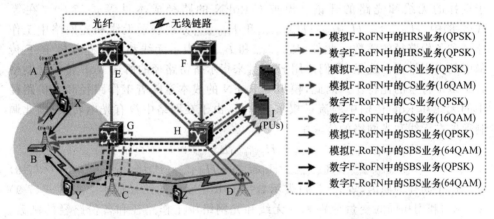

图 7-6　模拟和数字 RoFN 中基于 BCP 业务区分的频谱分配示例

7.3.3　带宽压缩保护算法

带宽压缩保护算法可同时用于模拟 C-RoFN 和数字 C-RoFN。BCP 包含路径计算和频谱分配两部分,用于找出服务请求的 P_w 和 P_b 的最大资源效率。

在路径计算阶段,我们首先采用 k-最短路径算法(KSP),找出每个节点的 k 个最短路径。模拟 C-RoFN 和数字 C-RoFN 的网络拓扑被视为一个整体,可选择的工作路径和备份路径包括无线链路和光链路。在这样的路径中,构成备选路径对而不重叠工作路径和备份路径。为了增强网络的生存性,删除同一共享风险链路组(SRLG)中的备用路径对,以避免故障级联。

然后,在频谱分配阶段分配这些备选路径对中的频谱资源。调制格式也是可以选择的,因为不同的调制格式具有不同的频谱效率,而且还影响通信传输的最大距离。与诸如 BPSK 的较低级别的调制格式相比,64QAM 调制格式将支持更高的频谱效率和更短的通信传输距离。为了解决这个问题,在使用高级调制格式的长距离传输中需要中继器,这增加了网络的成本。考虑调制格式对模拟 C-RoFN 和数字 C-RoFN 中通信传输最大距离的影响,我们将距离自适应调制格式[24]应用于 BCP 算法,其中包括无线、光网络和 RoF 传输的调制格式限制。在模拟 C-RoFN 中,由于抗干扰性能低,模拟传输中的信号质量受到很强的限制。只有在 RoF 传输中提供必要信号质量的调制格式才能用于压缩备用路径中的带宽。与模拟 C-RoFN 相比,无线链路和光链路中的调制格式在数字 C-RoFN 中是独立的,可以在无线和光传输中使用更多的调制格式选项进行无关分配。

为了评估一对工作路径和备份路径的成本,我们使用公式(7-8)和公式(7-9)分别对模拟 C-RoFN 和数字 C-RoFN 中的最佳配对路径进行排序。

我们建立了模拟 C-RoFN 和数字 C-RoFN 的路径成本的计算公式,以评估用于选择的无线和光路的开销。模拟 C-RoFN 的路径成本见等式(7-8)。在等式(7-8)中,$H_{pw\_wireless}$、$H_{pw\_optical}$、$H_{pb\_wireless}$ 和 $H_{pb\_optical}$ 分别表示无线和光网络中工作路径和备份路径的跳数。此外,$B_{pw\_wireless}$ 和 B_{pw_RoF} 表示无线和工作路径的 RoF 传输中的占用带宽。这里,我们使用 $rbps_{RoF}$ 来指示备份路径的所选 RoF 传输调制格式中每个符号的比特比。因此,模拟 C-RoFN 的成本意味着工作路径和备份路径中的无线和 RoF 传输中的流量权重。这里,由于在网络中没有光电转换,因此调制保留在无线和光网络的传输中。

$$C_a = H_{pw\_wireless} B_{pw\_wireless} + H_{pw\_optical} B_{pw\_RoF} +$$
$$H_{pb\_wireless}(B_{pw\_wireless}/rbps_{RoF}) + H_{pb\_optical}(B_{pw\_RoF}/rbps_{RoF}) \qquad (7\text{-}8)$$

出于同样的原因,等式(7-9)表示数字 C-RoFN 中的路径成本。在等式(7-9)中,我们利用相同的变量分别表示无线和光网络中工作路径和备份路径的跳数。$B_{pw\_optical}$ 表示工作路径光链路中的使用带宽,而 $rbps_w$ 和 $rbps_o$ 分别表示备份路径的无线和光调制格式中每个符号的比特率。因此,数字 C-RoFN 的成本表示工作路径和备用路径中的光网络和无线网络中的业务权重,其中调制通过数字化分离为无线和光网络。

$$C_d = H_{pw\_wireless} B_{pw\_wireless} + H_{pw\_optical} B_{pw\_optical} +$$
$$H_{pb\_wireless}(B_{pw\_wireless}/rbps_w) + H_{pb\_optical}(B_{pw\_optical}/rbps_o) \qquad (7\text{-}9)$$

我们利用路径成本来计算哪个节点可以作为服务调节的目的地。首先,该算法找到具有可用资源的所有候选节点。在候选目的地之间利用 KSP 算法执行路径计算,计算结果可以作为服务的候选路径。然后我们利用公式(7-8)和公式(7-9)计算各种场景中候选路径之间的路径成本,例如光纤网络上的模拟和数字无线。请注意,应选择具有最小路径成本值的两条路径作为工作路径和备用路径,这些路径对不相交的可靠路径也有限制。

　　实际上,所提出的算法可以用来实时处理。在本章参考文献[25]中,通过路径权重计算,研究了光纤网络中基于无线的光网络和计算之间的跨层方案。实验验证了该方案可以实现计算的实时处理,增强 5G 业务真实场景的响应能力。

　　所提出的 BCP 算法的伪代码如图 7-7 所示,算法的时间复杂度在 C-RoFN 中计算为 $O(n^2)$。

算法:带宽压缩保护算法

输入:$G(V,C,L,W,F,\Delta)$,$TR(s,\theta,q)$
输出:P_w 和 P_b
1.　　　设置 P_w 和 P_b 为空
2.　　　设置 Paths 为空
3.　　for i 属于候选目标节点
4.　　　利用 KSP 算法计算 k 条路径
5.　　　Paths $+= p$
6.　　end for
7.　　　设置 Path_pair 为空
8.　　for $p_w \in$ Paths
9.　　　for $p_b \in$ Paths
10.　　　　if p_w 和 p_b 是 Δ-disjoint then
11.　　　　Path_pair $+= (p_w p_b)$
12.　　　　end if
13.　　　end for
14.　　end for
15.　　for Path 对里的 pp
16.　　　根据 C 值排序 pp 里的元素
17.　　end for
18.　　for$(p_w, p_b) \in$ Path_pair
19.　　　if 网络类型为 F-RoFN
20.　　　　$B_w = \{B_{w\_wireless}, B_{w\_RoF}\}$
21.　　　　$B_p =$ RoF 网络中根据距离自适应方法调整调制格式后的带宽
22.　　　else
23.　　　　$B_w = \{B_{w\_wireless}, B_{w\_optical}\}$
24.　　　　$B_p =$ 无线域光网络中根据距离自适应方法调整调制格式后的带宽
25.　　　end if
26.　　　分配成功 = boot(利用 FF 分配 P_w 和 P_b 中每个无线节点和链路上的空闲频谱)
27.　　　if 分配成功
28.　　　　break
29.　　　else
30.　　　　continue
31.　　　end if
32.　　end for

图 7-7　带宽压缩保护算法伪代码

7.3.4 网络性能验证

在本节中,我们通过基于事件驱动模拟器的 C＋＋仿真平台中的大量仿真验证了所提算法的可行性和可用性。综合考虑覆盖区域和可扩展性的要求,复杂拓扑可以提供多工作路径和备份路径的传输,以提高未来移动通信网络的可靠性。它可以解决网络生存性算法的有效支持,验证网络可靠性的实际性能。具有 43 个节点的网络拓扑如图 7-8 所示[26]。C_1 是部署 PU 的节点,而基站组 C_2 和 C_3 具有计算的功能。从 V36 到 V40 用 WSS 开发,而 V8、V11、V14 和 V17 用于部署宏基站,其余基站代表微基站。微基站和宏基站的接收范围分别为 400 m 和 1 600 m,无线信道可以建立在微基站和宏基站之间。基站中的所有天线都是全向的。在光网络域中,我们假设每个光纤链路都具有 320 个可用子载波。在无线网络域中,我们假设可用频率的数量为 160。我们假设 $\{v_{18}, l_{1840}, l_{3640}\}$、$\{v_2, l_{0236}, l_{0936}\}$、$\{v_1, l_{36381}, l_{0538}\}$、$\{v_{30}, l_{3039}, l_{1639}\}$、$\{v_{13}, v_{27}, l_{13c1}, l_{38c1}\}$、$\{v_{19}, l_{1936}, l_{0836}\}$ 和 $\{v_{24}, v_{24}, l_{24c1}, l_{37c1}\}$ 是 7 个 SRLG。请注意,将生成 100 000 个服务请求,并在每次执行时到达网络,再为每个服务请求生成随机位置,以确定拓扑中源节点的网络位置。将 BCP 算法的数值结果与传统保护(CP)算法进行比较,分别采用相同的路由策略 KSP 与模拟 C-RoFN 和数字 C-RoFN 中的 First-Fit 频谱分配。KSP 中的 K 值设置为 3、4 和 5,以比较 BCP 算法和 CP 算法的性能。

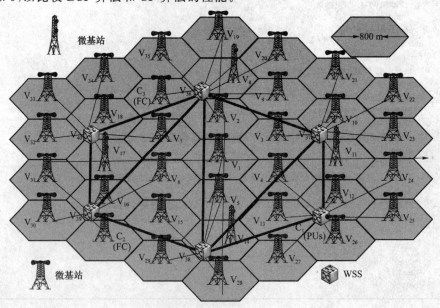

图 7-8　网络拓扑图

图 7-9 到图 7-14 显示了 BCP 算法和 CP 算法的阻塞率、资源利用率和平均跳数方面的性能。图 7-9 和图 7-10 比较了模拟 C-RoFN 和数字 C-RoFN 中 BCP 算法和 CP 算法之间的阻塞率。在这些图中，我们可以发现，在模拟 C-RoFN 和数字 C-RoFN 中，两种算法的阻塞率随着流量负载的增加而增加。

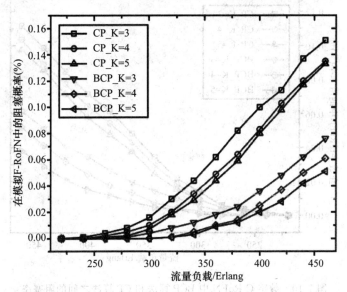

图 7-9 模拟 C-RoFN 中 BCP 算法和 CP 算法之间的阻塞率

与 CP 算法相比，BCP 算法在相同负载下具有较低的阻塞率，并且在模拟 C-RoFN 中最多比 CP 算法降低 61% 的阻塞率，在数字 C-RoFN 中最多比 CP 算法降低 48% 的阻塞率。这是因为带宽压缩通过使用高级调制格式减少了低级服务备份路径的占用，然后节省了更多资源来承载更多服务[27-28]。较高的 K 值导致较低的阻塞率，因为更多的候选路径可以提供很多机会来修整网络的空闲链路中的流量[29-30]。

比较两种 C-RoFN 场景中的 BCP 算法，我们可以发现数字网络中的 BCP 算法可以提供比模拟场景更低的阻塞率。这是因为在模拟 C-RoFN 中，调制模式受到更多约束，并且难以实现高带宽压缩水平。此外，数字场景中的无线和光网络的资源彼此独立。在 C-RoFN 中，RoF 技术用于降低网络构建的成本，但同时 RoF 信道跨越无线和光网络以限制传输的灵活性，同时降低网络资源利用率。

图 7-11 和图 7-12 比较了模拟 C-RoFN 和数字 C-RoFN 中 BCP 算法和 CP 算法之间的资源利用率。如图 7-11 和图 7-12 所示，我们可以看出资源利用率随着模拟 C-RoFN 和数字 C-RoFN 中流量负载的增加而增加。注意，BCP 算法具有更高的资源利用率，这是因为高级调制格式可以提高资源效率。两种算法之间的差异在于数字场景中模拟 C-RoFN 在 300 Erlang 和 320 Erlang 负载下的最大值。比

较 BCP 算法,我们可以发现模拟 C-RoFN 中的 BCP 算法可以提供比数字场景中更低的资源利用率,以此来作为 RoF 传输的限制。原因是数字网络中的 BCP 算法具有较低的阻塞概率,因此可以产生更高的资源效率。

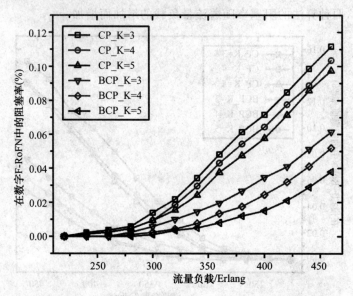

图 7-10　数字 C-RoFN 中 BCP 算法和 CP 算法之间的阻塞率

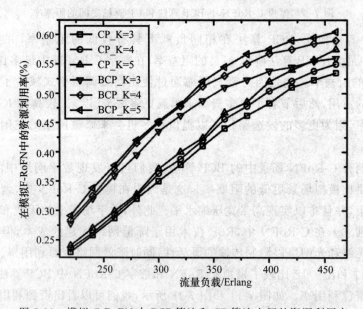

图 7-11　模拟 C-RoFN 中 BCP 算法和 CP 算法之间的资源利用率

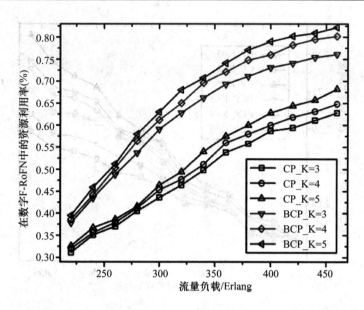

图 7-12　数字 C-RoFN 中 BCP 算法和 CP 算法之间的资源利用率

模拟 C-RoFN 和数字 C-RoFN 中两种算法之间 P_w 和 P_b 的平均跳数在图 7-13 和图 7-14 中进行了比较。可以清楚地看出，BCP 算法在两种情况下都具有较低的 P_w 和 P_b 平均跳数。这是因为 BCP 算法可以节省网络中的资源，而 BCP 算法的网络中的服务可以使用较短的路径来服务。通过使用 CP 算法，填充最佳路径，然后使用次优路径分配服务，从而导致额外的资源浪费。因此，BCP 算法具有比 CP 算

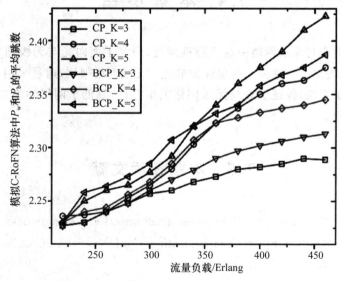

图 7-13　模拟 C-RoFN 中 P_w 和 P_b 的平均跳数

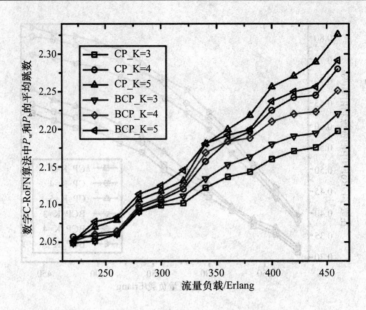

图 7-14 数字 C-RoFN 中 P_w 和 P_b 的平均跳数

法更低的平均跳数。与 BCP 算法的 P_w 和 P_b 的平均跳数相比,数字 C-RoFN 中的 BCP 算法可以提供比另一个更低的平均跳数。这是因为在模拟 C-RoFN 中,资源利用率较低,占用了更多资源,并且必须使用更长的路径分配服务。

7.4　本章小结

本章针对光与无线网络中的生存性问题,研究了面向光与无线网络的跨层资源保护策略,提出了一种基于跨层保护的光与无线网络架构,通过采用自主创新的带宽压缩保护算法,保证了光与无线网络的生存性,降低了网络的阻塞概率,提高了资源利用率。

7.5　本章参考文献

[1] Tanaka K, Agata A. Next-generation optical access networks for C-RAN [C] // Optical Fiber Communication Conference (OFC). Los Angeles: OSA, 2015: Tu2E. 1.

[2] Oliva A D L, Hernandez J A, Larrabeiti D, et al. An overview of the CPRI specification and its application to C-RAN-based LTE scenarios [J]. IEEE

Communications Magazine，2016，54(2)：152-159．

[3]　Kim B G，Tanaka K，Kobayashi T，et al．Transmission experiment of LTE signals by IF-over-fiber using commercial base station and deployed optical fibers［C］// European Conference on Optical Communication（ECOC）．Düsseldorf：IEEE，2016：1-3．

[4]　Ranaweera C，Wong E，Nirmalathas A，et al．5G C-RAN architecture：a comparison of multiple optical fronthaul networks［C］// International Conference on Optical Network Design and Modeling（ONDM）．Budapest：IEEE，2017：1-6．

[5]　Yang H，Zhang J，Ji Y F，et al．Experimental demonstration of multi-dimensional resources integration for service provisioning in cloud radio over fiber network［J］．Scientific Reports，2016，6：30678．

[6]　Yang H，He Y Q，Zhang J，et al．Performance evaluation of multi-stratum resources optimization with network functions virtualization for cloud-based radio over optical fiber networks［J］．Optics Express，2016，24（8）：8666-8678．

[7]　Park S，Chae C B，Bahk S．Large-scale antenna operation in heterogeneous cloud radio access networks：a partial centralization approach［J］．IEEE Wireless Communications，2015，22(3)：32-40．

[8]　Arslan M Y，Sundaresan K，Rangarajan S．Software-defined networking in cellular radio access networks：potential and challenges［J］．IEEE Communications Magazine，2015，53(1)：150-156．

[9]　Sundaresan K，Arslan M Y，Singh S，et al．FluidNet：a flexible cloud-based radio access network for small cells［J］．IEEE/ACM Transactions on Networking，2006，2(24)：915-928．

[10]　Yang H，Zhang J，Ji Y，et al．Experimental demonstration of multi-dimensional resources integration for service provisioning in cloud radio over fiber network[J]．Scientific Reports，2016，6：30678．

[11]　Shao S，Guo S，Qiu X，et al．Cross layer optimization for cloud-based radio over optical fiber networks[J]．Optical Fiber Technology，2016（30）：176-183．

[12]　Yang H，Zhang J，Zhao Y，et al．Performance evaluation of multi-stratum resources integrated resilience for software defined inter-data center interconnect[J]．Optics Express，2015，23(10)：13384．

[13]　Thomas S，Michele S，Mohit C，et al．Automatic intent-based secure

service creation through a multilayer SDN network orchestration[J]. Journal of Optical Communications and Networking, 2018, 10（4）: 289-297.

[14] Aguado A, Hugues-Salas E, Haigh P, et al. Secure NFV orchestration over an SDN-controlled optical network with time-shared quantum key distribution resources[J]. Journal of Lightwave Technology, 2017, 35(8):1357-1362.

[15] Vilalta R, Muñoz R, Casellas R, et al. Transport PCE network function virtualization[C]// European Conference on Optical Communication. Cannes:IEEE, 2014:21-25.

[16] Liu L, Peng W R, Casellas R, et al. Design and performance evaluation of an OpenFlow-based control plane for software-defined elastic optical networks with direct-detection optical OFDM (DDO-OFDM) transmission [J]. Optics Express, 2014, 22(1):30-40.

[17] Guo S, Shao S, Wang Y, et al. Cross stratum resources protection in fog-computing-based radio over fiber networks for 5G services[J]. Optical Fiber Technology, 2017(37):61-68.

[18] Jin Z, Zhang J, Zhao Y, et al. Service-Aware Protection with Bandwidth Squeezing against Disaster in Elastic Optical Datacenter Networks[C]// Asia Communications & Photonics Conference. Shanghai: OSA, 2014: 11-14.

[19] Ferdousi S, Dikbiyik F, Tornatore M, et al. Joint Progressive Recovery of Optical Network and Datacenters After Large-Scale Disasters [C]// Optical Fiber Communication Conference. Los Angeles: IEEE, 2017: 19-26.

[20] Ma C, Zhang J, Zhao Y, et al. Pre-configured prism (p-Prism) method against simultaneous dual-link failure in optical networks[J]. Optical Fiber Technology, 2014, 20(5):443-452.

[21] Colman-Meixner C, Develder C, Tornatore M, et al. A survey on resiliency techniques in cloud computing infrastructures and applications[J]. IEEE Communications Surveys & Tutorials, 2016, 18(3):1-1.

[22] Zhu S, Meng S, Bao Q, et al. Availability-Aware Service Provisioning in EONs: How Efficient will FIPP-p-Cycles be? [C]// IEEE/OSA Optical Fiber Communication Conference (OFC). Anaheim:IEEE, 2016:20-24.

[23] Yang H, Zhang J, Ji Y, et al. Experimental demonstration of multi-

dimensional resources integration for service provisioning in cloud radio over fiber network[J]. Scientific Reports，2016，6:30678.

[24] Shen G，Guo H，Bose S K. Survivable elastic optical networks: survey and perspective (invited)[J]. Photonic Network Communications，2016，31(1):71-87.

[25] Rottondi C，Tornatore M，Pattavina A，et al. Routing，modulation level，and spectrum assignment in optical metro ring networks using elastic transceivers[J]. Journal of Optical Communications and Networking，2013，5(4):305-315.

[26] Fan Z，Li Y，Shen G，et al. Distance-adaptive spectrum resource allocation using subtree scheme for all-oiptical multicasting in elastic optical networks[J]. Journal of Lightwave Technology，2017,9(35):1460-1468.

[27] Yang H，Zhan K，Kadoch M，et al. BLCS: brain-like based distributed control security in cyber physical systems[J]. IEEE Network，2020，34(3):8-15.

[28] Yang H，Zhang J，Zhao Y，et al. Performance evaluation of multi-stratum resources integrated resilience for software defined inter-data center interconnect[J]. Optics Express，2015，23(10):13384.

[29] Yu A，Yang H，Yao Q，et al. Accurate fault location using deep belief network for optical fronthaul networks in 5G and beyond[J]. IEEE Access，2019，7(1): 77932-77943.

[30] Yang H，Cheng L，Yuan J，et al. Multipath protection for data center services in OpenFlow-based software defined elastic optical networks[J]. Optical Fiber Technology，2015(23):108-115.

第8章 光与无线网络安全路由与分配算法

保密信息泄露是网络安全领域面临的主要问题之一。随着近年来人们对信息的重视程度不断加强,保密信息业务在网络中出现,并对防御窃听攻击的安全策略有着迫切的需求。本章面向网络窃听攻击提出了面向光与无线网络的安全路由频谱分配算法。本章首先使用概率理论描述窃听攻击问题,以实现窃听攻击感知,然后在此基础上提出了一种窃听感知的安全路由频谱分配算法,最后为了进一步提升安全性与网络性能,引入多流虚级联技术并提出了一种基于多流虚级联的窃听感知的安全路由频谱分配算法。实验结果表明所提出的算法可以实现安全性与资源效率的双重提升。

8.1 光与无线网络安全性问题概述

近年来恶性网络攻击事件数量急速增长,对网络用户所造成的损害也越来越严重,"不安全"已经成为人们对于网络的最直观印象。光网络具有广覆盖和大容量等优势,已成为光与无线网络汇聚层网络的主要形式。由于光汇聚层网络的物理特性[1],且其汇聚了全网大量业务流,所以光汇聚层网络成为首要攻击目标,面临着各种各样物理层的恶性攻击。光汇聚层网络中恶性攻击按目的区分,可以分为两类:一类攻击是阻碍正确的信息到达正确的目的地,例如干扰攻击和单个网络元器件攻击等;另一类攻击是只窃听信息但并不影响正常通信,例如插纤攻击等。第一类攻击直接影响了通信结果,而第二类攻击则对于通信及其通信质量几乎没有任何影响,因此相对于前者第二类攻击更难以被检测到。防止第二类攻击最有效的技术是高精度的物理层攻击探测技术[2],该技术很难实现,需要大量的时间与开销。因此网络用户不得不长时间在几乎无法察觉的情况下,遭受这种持续性的攻击,隐私和信息安全受到严重威胁,所以窃听攻击已经成为光网络中主要的安全问题之一。此外,对于一些军事信息与金融信息等特殊通信信息,无察觉下的信息泄露所导致的危害远远大于其传输被阻所导致的损害。因此,面向上述保密信息业务(Confidential Information Service,CIS),研究有效的安全策略与机制来满足 CIS 的安全需求已成为发展光与无线网络的重要需求。

弹性光网络(EON)是一种十分有前景的光网络传输技术,且其可以被应用于许多重要网络场景,如数据中心互联[3]或基带单元云互联[4-5]等,同时也是光与无线网络的光传输部分的首选方案。在 EON 中可切片带宽收发器与灵活光交叉器可以为现有的光与无线网络光汇聚层网络在最小的变更下提供卓越的灵活性,且可以实现光谱优化与无缝部署。然而,EON 并没有提出面向物理层窃听攻击的有效安全防范技术,其也面临着巨大的潜在安全问题。由于 EON 是支撑光与无线网络光汇聚层的重要技术,所以在 EON 的基础上提升抵抗窃听攻击的防御能力尤为重要。

路由频谱分配是光与无线网络光汇聚层中的关键功能,被用来根据业务需求寻找合适的路由并分配频谱时隙[6]。RSA 算法最主要的作用为最小化阻塞率,从而改善网络性能。此外,在 RSA 中添加新的限制与目标可实现对节能和物理层损伤等其他网络要素的考虑[7-8]。在本章参考文献[9]中,考虑安全性的 RSA 被用来最小化由各种各样物理层攻击带来的潜在威胁。本章参考文献[10]聚焦于多域 EON 中的攻击感知的 RSA,域内与域间的 RSA 请求基于安全考虑被区分处理,以此提升网络的安全性。因此,在网络规划与业务适配过程中,RSA 可以为光网络安全问题提供相应的解决方案。窃听攻击具有和其他物理层攻击相似的特征,所以可以通过设计有效的 RSA 实现窃听攻击的有效防御。例如,由跨信道窃听与干扰攻击导致的危害可以通过在光网络中最小化光路重叠的路由算法来排除掉[11];当一个窃听者接入一段频谱时,连接重配置与占用频谱再调整可以阻止信息的泄露[12]。然而,现有关于光网络反窃听的研究工作主要聚焦于同时解决跨信道窃听与干扰攻击方面的问题,并不适用于防范插纤窃听的攻击方式,也缺乏对网络资源利用性能的权衡考虑。

考虑窃听攻击的目的与 CIS 的安全性需求,业务流切片与并行传输是防御各种类型窃听攻击最有效的方法[13]。本章参考文献[14-15]通过在 EON 中实现由级联度触发多流虚级联(Multi-Flow Virtual Concatenation,MFVC)来优化频谱效率并降低阻塞率,并且利用 MFVC 支撑业务流切片与并行传输。因此,在安全 RSA 中引入 MFVC 不仅可以为光汇聚层提供有效的防御物理层窃听方案,还能进一步提升频谱效率。

此外,由于光与无线网络覆盖范围大且网络中具有保密需求的用户分布不均,必然会导致网络中不同位置受到网络攻击的概率不同。因此,在每条光纤中,窃听攻击的发生都可以被描述成一种窃听概率事件,将全网中各个光纤链路的窃听概率整合起来可以得到一个全网的窃听概率分布[16]。在此基础上通过增加安全限制,为 CIS 分配更低窃听概率的传输路径,设计安全 RSA,将会有效提升光网络抵抗窃听攻击的能力,进而提升网络安全性。因此,引入概率理论将会为窃听问题的解决提供一个可行方案。

本章首先引入了概率理论来描述面向窃听攻击的安全问题,基于窃听概率的概率分布,可以实现对于窃听攻击的感知。然后,本章提出了一种窃听感知的安全RSA 算法(Eavesdropping-aware Secure Routing and Spectrum Allocation,ES-RSA),通过选择低窃听概率路径,CIS 的安全性可以得到保障。通过综合考虑频谱效率与信息安全,本章进一步提出了一种基于 MFVC 的窃听感知安全 RSA 算法(MFVC-based Eavesdropping-aware Secure Routing and Spectrum Allocation,MES-RSA)。利用 MFVC,可以有效地实现业务流切片与并行传输,其中业务流切片将业务切分成多个更小尺寸的子业务流,使其可以利用频谱碎片传输,提升了网络频谱效率,并行传输可以增强对于窃听攻击的防御能力[17]。通过与传统 RSA 的对比,验证了 ES-RSA 对于安全性提升的有效性以及 MES-RSA 对于频谱效率与安全性双重提升的有效性;此外还验证了最大子业务流数、保护带宽占用子载波数以及最大可容忍差分时延对于所提算法的性能影响。

8.2 动态 RSA 问题描述

8.2.1 窃听概率与最大可容忍信息泄露率

利用概率理论可以解决光网络中一些经典问题,例如网络生存性问题[18-19]。不同于其他复杂的物理层攻击,对于运营商而言,窃听攻击的发生与网络故障更具有相似性。因此,面向窃听攻击的网络安全问题可以通过概率理论的思想来描述并解决。在只考虑光纤链路发生窃听攻击的前提下,假设窃听攻击是相互独立事件,则可以利用窃听概率(Eavesdropping Probability,EP)来表示一个光纤链路正遭受窃听攻击的概率。对于一个实际的光网络来说,每条光纤链路的窃听概率都可以基于地理位置、历史数据和安全设施等信息计算得到。

图 8-1 展示了一个关于 EP 分布的例子:一个有 43 条光纤链路的光网络,各个节点分别以 1~24 标注,链路以 1~43 标注。因为一些节点附近可能有着重要的政治、金融或者军事部门,所以这些节点(节点 21)附近会成为网络攻击发生的主要位置,连接到这些节点的光纤存在着更大的窃听风险。例如,节点 20 与 21 分别位于政治中心和经济中心附近,而连接着这两个节点的链路 40 相对于其他的只连接一个重要节点和一个普通节点的链路(如链路 41)就会有更高的 EP 值,更容易受到窃听攻击。因此,通过分析光网络中全部多种影响因素,可以构建全网 EP 分

布并为安全策略提供有效支持。

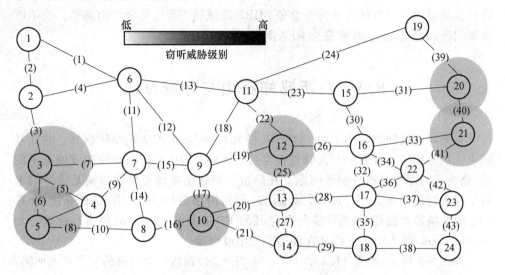

图 8-1　光网络窃听攻击概率分布

定义 p_{l_i} 为光纤链路 l_i 的 EP 值,由此,路径 x 的 EP 值被定义为 $F(x)$,并由式 (8-1)计算得到。

$$F(x) = 1 - \prod_{l_i \in x}(1 - p_{l_i}) \tag{8-1}$$

8.2.2　网络模型与问题描述

光与无线网络中 EON 的网络架构可以通过一个网络图表 $G\{V, L, F\}$ 来表示,其中 $V = \{v_1, v_2, \cdots, v_n\}$ 表示具有带宽可变的光交叉连接功能的节点集合, $L = \{l_1, l_2, \cdots, l_n\}$ 表示网络中的链路集合,$F = \{\omega_1, \omega_2, \cdots, \omega_n\}$ 表示每条光纤链路中频谱子载波的集合。$|V|$、$|L|$ 和 $|F|$ 分别代表一条链路中节点、链路以及频谱子载波的数量。每个业务请求都可以由 $\mathrm{TR}_i(s, d, \omega, m)$ 来表示,其含义为第 i 个到达的网络业务请求,其中 TR_{i+1} 将在 TR_i 后到达。s 和 d 表示源节点与目的节点编号。ω 表示业务请求需要被分配的子载波个数。m 表示到达的业务请求的 MIRP,当 $m < 1$ 时,说明到来的业务请求来自 CIS,具有保密性需求。主要研究问题定义如下。

已知网络图 $G\{V, L, F\}$、业务请求集合以及全部链路的 EP 分布。其中,业务请求按时间顺序动态地到达网络;对于 EP 分布,由于运营商利用其他最基本的安全措施可以保证每条链路的保密概率至少达到 99.9%[20],因此假设每条链路的窃听概率都在 $(0, 10^{-3})$ 区间内。所需解决的问题为,如何在保障该业务保密需求的前提下,找到可用路径与频谱子载波。限制条件包括满足频谱连续性、波长连续性以及频谱冲突。目标为在每个业务 MIRP 的限制下最小化业务阻塞率。为了解决该问题,人们提出了两种安全 RSA 算法。

8.3　窃听感知路由与分配算法

在光与无线网络架构下的 EON 中,根据 EP 分布可以实现窃听感知。在此基础上人们提出了一种 ES-RSA 算法。在这个算法中,RSA 问题被分解成两个子问题:路由子问题与频谱分配子问题。在路由子问题中考虑安全性以满足业务请求对于保密性的需求。当 $TR_i(s, d, \omega, m)$ 到达网络时,首先使用 KSP 算法,计算 TR_i 的 k 条最短路径,然后计算每条路径的 EP 值并与 TR 的 m 值进行比较。如果 $F(x) > m$,那么路径 x 将会在候选路径中被删除。

如图 8-2 所示,假设 $TR_i(A, D, 4, 8.2E-04)$ 到达一个简单的 6 节点光网络,节点 A 和 D 分别是源节点和目的节点,TR_i 的 MIRP 值为 $8.2E-04$。通过运行

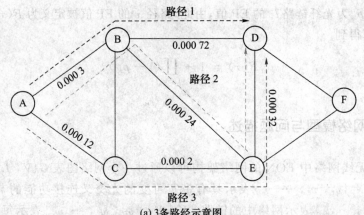

(a) 3 条路经示意图

	路径	EP	MIRP	是否满足
路径1	A-B-D	1.019 8E−03	8.2E−04	✘
路径2	A-B-E-D	8.597 6E−04	8.2E−04	✘
路径3	A-C-E-D	6.398 7E−04	8.2E−04	✔

(b) 路经选择结果

图 8-2　安全路径选择

KSP 算法得到 3 条最短路径 A-B-D、A-B-E-D 和 A-C-E-D,其 EP 值分别为
1.019 8E−03、8.597 6E−04 和 6.398 7E−04。通过分别比较备选路径的 EP 值
与 TR$_i$ 的 MIRP 值,可以发现除了路径 3,其他路径的 EP 值均高于 TR$_i$ 要求的
MIRP 值,因此选择路径 3 作为业务通道。ES-RSA 算法的伪代码如图 8-3 所示,
当业务到达网络时,首先通过 KSP 算法找到 k 条最短路径,然后根据窃听概率分
布计算出每条路径被窃听的概率,将路径窃听概率不满足高于业务需求 MIRP 值
的路径删除,在路径选择结束后,利用首次适用算法进行频谱分配,由此得到资源
分配结构。通过设置 MIRP 值条件可以有效地去除泄露概率较高的路径,由此降
低被窃听的概率,实现安全性的提升。

窃听感知 RSA 算法

输入:$G(N,L,S)$,$TR_i(s,d,\omega,m)$,k
输出:$TR_i(s,d,\omega,m)$ 频谱路径
P:路径集合
EP:路径的 EPs 集
alc_P:已分配路径
alc_F:已分配的子载波集合
01:**begin**
02:　计算 k 条最短路径,存储在 $P(P_1,P_2,\cdots,P_k)$ 中;
03:　计算每条路径的 EPs 值,存储在 $EP(EP_1,EP_2,\cdots,EP_k)$ 中;
04:　**for**$(i=1;i<=k;i++)$
05:　　**if**$(EP_i>m)$
06:　　　从 P 中删除 P_i;
07:　　　$i--$;
08:　　　$k--$;
09:　　**end if**
10:　**end for**
11:　**for**$(j=1;j<=k;j++)$
12:　　使用首次适应算法分配 P_j 中的子载波并添加到 alc_F 中;
13:　　**if**$(alc\_F!=\varnothing)$
14:　　　将 R_j 添加到 alc_P 中;
15:　　　break;
16:　　**end if**
17:　**end for**
18:　**if**$(alc\_P==\varnothing)$
19:　　阻塞请求;
20:　**end if**
21:　输出 alc_P 和 alc_F;
22:**End begin**

图 8-3　ES-RSA 算法的伪代码

8.4 基于多流级联的窃听感知安全 RSA 算法

8.4.1 基于多流级联的安全策略

为了提升防御窃听攻击能力并保障 CIS 信息安全,人们提出了一种基于可实现业务流切片与并行计算的 MFVC 的安全策略。当 CIS 到达光与无线网络光汇聚层时,业务流被分成几个通过不重叠路径传输的子业务流。在此场景下,单个窃听点只能得到一部分 CIS 信息,因此,窃听者只有在正确的路径上部署多个窃听点时才能获取完整的机密信息。窃听点越多,获取完整机密信息的成本和风险越高,所以引入 MFVC 可以增强光汇聚层中对窃听攻击的抵抗能力。此外,各个子业务流占用频谱子载波数量较少,且各个子业务流所占用的频谱子载波数可以被动态调整,因此可以灵活地利用频谱碎片传输子业务流,进而提高频谱效率。

如图 8-4 所示,在一个 6 节点的简单光网络中,每个光纤链路都被分成 15 个子载波,每个子载波都由 1～15 标注。假设一个窃听者在 $L_{B,E}$ 上插纤攻击,通过该光纤链路的业务流都将被窃听。TR_1(A, B, 3, 1)、TR_2(E, F, 5, 1)、TR_3(A, F, 8, 1)与 TR_4(A, E, 10, 0.6) 4 个业务请求按顺序依次到达网络,其中 TR_4 是一个具有安全需求的业务请求,根据最短路径路由算法与首次适用算法,分别为 TR_1 和 TR_2 选择最短路径 $L_{A,B}$ 和 $L_{E,F}$,并分别占用子载波(1,2,3)和(1-5)。当业务请求 TR_3 到达节点 A 时,选择最短路径 A-C-E-F 作为传输路径,由于 $L_{E,F}$ 上的子载波(1-5)已被 TR_2 占用,且子载波 6 已经被分配为保护带宽,考虑频谱连续性与波长连续性,为了避免频谱冲突,TR_3 不得不被分配到路径 A-C-E-F 上的子载波(7-14)中。当 TR_4 到达网络时,根据普通的 RSA 算法,TR_4 将占用路径 A-B-E 上的子载波(5-14)。图 8-4(a)和图 8-4(b)分别展示了 RSA 的分配结果,TR_4 中的机密信息将被在 $L_{B,E}$ 处搭纤攻击的窃听者完全获取。因此,普通的 RSA 算法在防御窃听攻击方面存在巨大的安全隐患。

采用基于 MFVC 的安全策略能有效地排除这一安全隐患,图 8-4(c)和图 8-4(d)分别展示了这一安全策略的过程与优势。面对相同的条件,TR_1、TR_2 与 TR_3 的分配结果不变,当业务请求 TR_4 到达网络时,不同于一般的解决方案,该业务流将被切割为均占用 5 个子载波的两个子业务流。子业务流 1 占用 A-B-E 路径上的子载波(5-9),子业务流 2 占用路径 A-C-E 上的子载波(1-5)。因此,窃听攻击者只能获取通过链路 $L_{B,E}$ 的子业务流 1 的信息,无法获取子业务流 2 的信息,避免了全部信息的泄露。将此安全策略与优秀的加密算法相结合,窃听者将不会获得任何有效信息,进而提升网络安全性。另外,在 TR_4 到达之前,在链路 $L_{A,C}$ 与 $L_{C,E}$ 上的子载波(1-6)是很难被再利用的频谱碎片,随着为业务请求 TR_4 分配资源,频谱碎片被子业务流 2 占用且被完全利用。因此,这种基于 MFVC 的安全策略可以同时增加安全性与频谱效率。

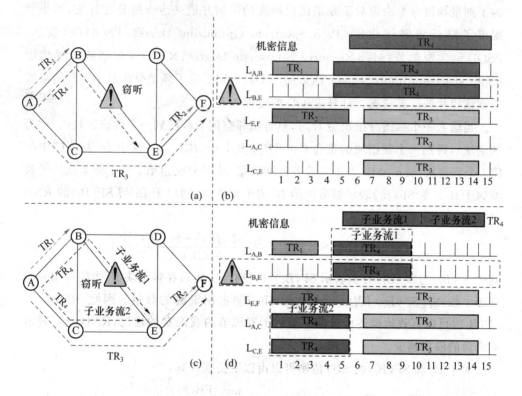

图 8-4　一般传输模式与安全策略的对比

在所提出的安全策略中,由于 CIS 的传输模式变成了并行传输,所以计算 EP 值的公式不再适用于对业务被窃听概率的评估。当一个 CIS 业务请求被分配多个路径时,除非全部路径都被攻击,否则窃听攻击不会成功。由于单一路径的 EP 值可以通过式(8-1)得到,且假设不同链路的窃听攻击为相互独立事件,因此对于包含多个不重叠路径的集合 $Y=\{x_1, x_2, \cdots, x_n\}$ 的 EP 值可以通过以下公式计算得出:

$$\Phi(Y) = \prod_{x_i \in Y} F(x_i) = \prod_{x_i \in Y} \left[1 - \prod_{l_j \in x_i} (1 - p_{l_j}) \right] \tag{8-2}$$

对于 Y 中的 x_i，$F(x_i)<1$，$\Phi(Y)\leqslant F(x_i)$ 一定成立，由式(8-2)可以进一步证明通过并行传输可以实现更低的 EP 以及更高的安全性。此外，在单路径传输条件下，$Y=\{x_1\}$ 且 $\Phi(Y)=F(x_1)$，所以式(8-2)同样适用于单一路径传输的情况。

8.4.2　路径频谱优化度

由于子业务流所需的子载波可以动态调整，所以频谱分配变得更加灵活多样。为了测量频谱分配决策对于频谱优化程度的影响并进一步支持分配算法，本小节提出了路径频谱优化度（Path Spectrum Optimizing Degree，PSOD）的概念。PSOD 包含资源节约度（Resource Non-waste Degree，RND）和频谱碎片优化度（Split-spectrum Improvement Degree，SID），分别反映了频谱分配对于资源的浪费与频谱碎片的改善情况。计算 PSOD 的过程如下。

当输入一个频谱分配决策 R 时，整合相邻空闲子载波到一个频谱区块内（称为频谱块），得到一个频谱块的集合 $C=\{B_1, B_2, \cdots, B_{\text{num\_MF}}\}$，其中 B_i 表示 C 中的第 i 个频谱块，num_MF 表示子业务流的数量，此时分配给第 i 个子业务流的子载波属于 B_i。令 $\text{SF}(B_i)$ 表示被分配给 B_i 的子业务流，则对于 B_i 与 $\text{SF}(B_i)$ 的 RND 可以由以下公式计算：

$$\text{RND}[B_i, \text{SF}(B_i)] = \frac{S_o[\text{SF}(B_i)] + S_a(B_i)}{S_b(B_i)} \tag{8-3}$$

其中 $S_b(B_i)$ 与 $S_a(B_i)$ 分别表示 $\text{SF}(B_i)$ 占用前与占用后在频谱块 B_i 中的可用频谱资源个数，$S_o[\text{SF}(B_i)]$ 表示子业务流 $\text{SF}(B_i)$ 占用资源的数量。因此，$\text{RND}[B_i, \text{SF}(B_i)]$ 可以有效地描述此分配决策对于资源节约或浪费的情况，RND 越高表示对资源的浪费越少。

对于 B_i 和 $\text{SF}(B_i)$ 的 SID 值则可以由以下公式计算：

$$\text{SID}[B_i, \text{SF}(B_i)] = \frac{\text{min\_FB}(B_i)}{\text{min\_FB}(B_i) + \text{min\_FB}[B_i - \text{SF}(B_i)]} \tag{8-4}$$

其中 min_FB(B_i) 表示填充 B_i 所需的最小业务流数量。SID$[B_i, \text{min\_FB}(B_i)]$ 表示分配决策对于频谱碎片破碎程度的改善，SID 越高表示对于频谱碎片破碎程度的改善越好。当 SID 达到 1 时，说明频谱碎片被完全利用且没有生成多余碎片。

由此，对于频谱分配决策 R 的 PSOD 可以由以下公式计算：

$$\text{PSOD}(R) = \prod_{B_i \in R} \{\text{RND}[B_i, \text{SF}(B_i)] \cdot \text{SID}[B_i, \text{SF}(B_i)]\} \cdot 100\%$$

$$= \prod_{B_i \in R} \frac{S_o[\text{SF}(B_i)] + \text{FB}_b(B_i)}{S_b(B_i) \cdot \text{FB}_b(B_i) + \text{FB}_a[\text{SF}(B_i)]} \cdot 100\% \tag{8-5}$$

PSOD 的概念反映了对资源的浪费情况以及对频谱碎片的改善情况,通过它可以评估频谱分配决策对资源优化的影响。在图 8-5 所示的示例中,把相邻光纤链路的空闲子载波以及相同光纤链路的相邻子载波整合为一个频谱块,在图 8-5(a)中频谱碎片 x 即一个频谱块。设定光纤链路中的一个子载波作为一个标准的频谱资源,则 x 中的可用频谱资源为 20。若填满此频谱碎片 x,在满足频谱连续性、波长连续性以及频谱冲突的限定条件下至少需要 3 个业务流。因此,$S_b(x)$ 为 20,$\min\_FB(x)$ 为 3。假设子业务流 y 被分配给频谱碎片 x 中路径 A-B-C-D 上的子载波 $(7, 8)$,图 8-5(b) 显示了分配后的资源占用情况。此时,y 的资源占用数量为 8,剩余可用资源数量为 7,这时填满频谱碎片 y 至少需要两个业务流,则 $S_o(x) = 20$,$S_a(x) = 7$,$\min\_FB(x-y) = 2$。因此,此时单一子业务流的 PSOD 为 45%,其反映了分配决策对于频谱碎片的改善程度。

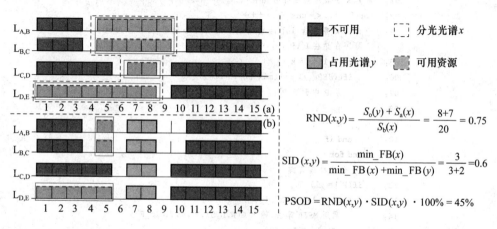

图 8-5 计算路径频谱优化度示例

8.4.3 多流路由与分配算法

利用 MFVC 在保障安全性与频谱效率方面的优势,人们提出了一种面向 CIS 的 MES-RSA 启发式算法。传统的 RSA 算法处理没有保密性需求的业务请求。MES-RSA 算法处理 CIS 业务请求。MES-RSA 算法的伪代码如图 8-6 所示,其工作流程主要包括两步,第一步是分配路径资源,第二步是分配频谱资源。在路径资源的分配过程中,MES-RSA 算法采用基于 MFVC 的安全策略响应到达的 CIS 业务的安全性需求。当可选路径均不能满足业务安全性需求时,则提升子业务流数量直到路径组的 EP 值小于业务的 MIRP 值。同时,不同路径的过大差分时延严重影响路径的服务质量。因此,设置最大差分时延来限制路径组的选择。经过筛选后的合格不重叠路径组将被提供给频谱资源分配部分。

MES-RSA 算法

输入：$G(N, L, S)$，$TR_x(s, d, \omega, m)$

输出：一个或多个频谱路径 $TR_x(s, d, \omega, m)$

P：路径集合

max_MF：子业务流的最大数目

P'：路径组集

P'_j：P' 中的第 j 个路径组

$JEP_{P'j}$：P'_j 的 JEP

max_DD$_{P'j}$：P'_j 中的多流最大差分延迟

DD_0：差分时延预设值

alc_F'：已分配的子载波集合

```
01: begin
        // 分配路径资源
02:     计算 k 条最短路径并存储在 (P₁,P₂,…,Pₖ) 中;
03:     for(i = 1, i <= max_MF; i++)
04:         计算 k' 条包含 i 个路径的最小总时延路径组,并按照时延
            降序存储在 P'(P'₁,P'₂,…,P'ₖ) 中;
05:         for(j = 1; j <= k'; j++)
06:             if((JEP_P'j) > m || (max_DD_P'j > DD₀))
07:                 从 P' 中删除 P'j;
08:                 j--;
09:                 k'--;
10:             end if
11:         end for
        // 分配频谱资源
12:         if(P'!= ∅)
13:         for(j = 1; j <= k'; j++)
14:             调用 MFFA 算法,输入 G(N,L,S),P'j,ω,i,alc_F'
15:             if(alc_F'!= ∅)
16:                 输出 alc_F';
17:             end if
18:         end for
19:         end if
20:     end for
21:     阻塞请求;
22: end begin
```

图 8-6　MES-RSA 算法的伪代码

　　在频谱资源分配部分，人们提出了多流频谱分配（MFFA）算法。此算法可在可调多流传输条件下提高频谱效率，其伪代码如图 8-7 所示。如果单个子载波携带的信息量过少，即使其避开了窃听攻击，但由于大部分信息被窃听将导致机密信息泄露，进而使安全策略无效化。因此在 MFFA 算法中不仅需要考虑资源重组问题，还需要增加每条子业务流占用子载波最小数量的限制。首先，根据此限制条件删除无效频谱块，找出路径与子业务流相匹配的组合。然后为了满足业务请求在

子业务流占用子载波数量上的需求,将不具备充足资源的组合删除,并生成最终的备选决策组。最后基于这些决策组,找到其中 PSOD 最小的决策组作为最终分配结果并输出。

MFFA 算法

输入:$G(N,L,S)$,ω,P 和 num_MF
输出:一条或多条频谱路径 $\mathrm{TR}_x(s,d,\omega,m)$
P_j:路径组 P 中的第 j 条路径
S_j:P_j 中的频谱块集合
$S_{j,k}$:S_j 中的第 k 个频谱块
num_S_j:S_j 中的频谱块总数
minS:每个子业务流占用的最小子载波数
GB:在相邻的频谱流之间分配子载波数
C:频谱块组合集
num C:C 中的组合数
alc_F′:子载波集
01:**begin**
　　//在选择的路径中构建可用的自由频谱块
02:　**for**$(j=1;j<=$ mum_MF$;j++)$
03:　　找到 P_j 中所有的相邻空闲子载波,存储在 $S_j(S_{j,1},S_{j,2},\cdots,S_{j,\text{Num}\_Sj})$;
04:　　**for**$(k=1;k<=$ Num_S_j;$k++)$
　　　　//对边缘谱块进行校正和滤波
05:　　　**if**$(k==$ Num_$S_j)$
06:　　　　$S_{j,\text{Num}\_Sj}=S_{j,\text{Num}\_Sj}+$ GB;
07:　　　**end if**
08:　　　**if**$(S_{j,k}<($minS$+2*$GB$))$
09:　　　　从 S_j 中删除 $S_{j,k}$;
10:　　　　$k--$;
11:　　　　$n--$;
12:　　　**end if**
13:　　**end for**
14:　**end for**
　　//找可用组合
15:　在每条路径中都找到拥有一个频谱块的组合,存储到 $C(C_1,C_2,\cdots,C_{\text{num}\_C})$ 中,并将对应的子载波总数存储到 $SN(SN_1,SN_2,\cdots,SN_{\text{num}\_C})$ 中;
　　//删除没有足够资源的频谱块
16:　**for**$(k=1;k<=$ num_C;$k++)$
17:　　**if**$(SN_k<\omega+2$num_MF$*$GB$)$
18:　　　从 C 和 SN 中删除 C_k 和 SN_k;
19:　　　$k--$;
19:　　　num_C$--$;
21:　　**end if**
22:　**end for**
　　//找最优决策
23:　**if**$(C!=\Phi)$
24:　　在 C 中寻找拥有总资源最小的 k'' 组合
25:　　寻找满足 minS 约束的整个分配决策
26:　　利用谱图找出 PSOD 最高的分配决策
27:　　存储分配结果至 alc_F′
28:　**end if**
29:**end begin**

图 8-7　MFFA 算法的伪代码

8.5 光与无线网络中安全 RSA 算法仿真系统与性能验证

本节通过大量仿真实验并与传统 RSA（General RSA，GRSA）算法进行对比，验证了 ES-RSA 对于安全性优化的有效性以及 MES-RSA 对于频谱效率与安全性双重提升的效果；此外还验证了最大子业务流数（Maximum Number of Sub-flows，MSF）、保护带宽占用子载波数（Number of Sub-carriers in Guard Band，GB）以及最大可容忍差分时延（Maximum Tolerable Differential Delay，MD）对于所提算法的性能影响。

8.5.1 仿真条件设置

仿真网络拓扑采用典型的包括 24 个节点与 43 条链路的 USNET，并假设每条链路中都有 320 条可用子载波，每个子载波的带宽都为 12.5 GHz。每条链路的 EP 值都在 0~1E−3 间随机生成。业务请求到达事件服从到达率为 λ 的泊松分布，业务离开事件服从离开率为 μ 的负指数分布，所以，网络负载可以通过计算 λ/μ（Erlang）得到。总业务数量为 1×10^5，每个业务请求的一对源节点与目的节点都均匀分布于网络空间。每个业务对于带宽（即子载波数量）的需求为均匀分布于 [2,8] 区间的整数。假设 40% 的业务请求来自 CIS 业务，其 MIRP 值在 1E−9~5E−3 之间变化，被分配的路径 EP 值需要小于等于机密业务请求的 MIRP 值。因为 MES-RSA 算法采用了多光纤路径的 MFVC，所以需要计算多路径差分时延，太高的差分时延会影响服务质量且多个路径的最大差分时延必须被保持在一个阈值以下。差分时延主要由不同路径的传输距离导致，因此在计算差分时延时只考虑传播时延。根据网络中通常使用的内存储器与芯片外 SDRAM 的性能指标，差分时延补偿范围为 250 μs~128 ms[21-22]。为了评估每个 RSA 算法对于窃听攻击的防御能力，在仿真中模拟生成窃听攻击，并收集平均信息泄露率。当一个窃听事件发生时，根据上述光纤链路 EP 值，可以得到其发生在各个指定链路的概率，进而生成窃听点位置概率分布。根据窃听点概率分布，在不同链路生成指定数量的窃听点，窃听点生成和更新的周期为每 100 个业务请求的到达。经过这些窃听点的业务流则被视为受到窃听攻击，假设信息 80% 的子载波通过窃听点则视为 CIS 业务保护失效，其机密信息被泄露。平均信息泄露率指多次不同负载仿真中被泄露的

CIS 数量与总 CIS 数量比值的平均值,其可以反映网络防止机密信息泄露的能力[23]。

8.5.2　最大子业务流数限制的影响

图 8-8 比较了 GRSA、ES-RSA 和 MES-RSA(MSF=2、MSF=3 和 MSF=4)在 80 Erlangs 至 240 Erlangs 负载下的平均信息泄露率。在仿真中,网络窃听点个数分别设为 1~6,保护带宽的子载波数量设为 1(GB=1),最大可容忍差分时延设为 128 ms(MD=128 ms)。从图 8-8 中可以看出平均信息泄露率随着窃听点个数的增加而增加。由于 GRSA 没有任何安全策略,所以其平均信息泄露率最高。由于 ES-RSA 可感知窃听攻击并选择安全路径传输机密信息,所以其平均信息泄露率较 GRAS 大幅度降低。而 MES-RSA 采用了 MFVC 技术并使用多路径传输信息,只有当窃听者同时窃听多个相关光纤链路时才能获取机密信息,使得窃听开销与难度增大,所以其平均信息泄露率最低。此外,在 MES-RSA 算法中,MSF 值越高,安全性越高[24]。这是因为 MSF 值越高,机密信息被分割成的子业务流越多,进而可避免机密信息泄露,降低泄露率。由于网络拓扑平均度数一定,多路径传输受到网络节点度数的限制,随着 MSF 的增加,网络节点度数逐渐接近网络节点最大度数,MSF 对于安全性的提升逐渐弱化。所以由 MSF=2 到 MSF=3 对于安全性的提升幅度要大于由 MSF=3 到 MSF=4 的提升幅度。

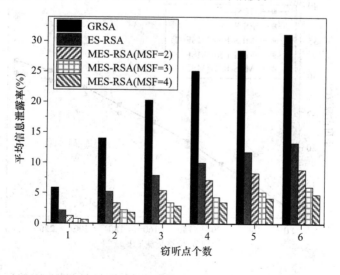

图 8-8　GRSA、ES-RSA 和 MES-RSA(MSF=2、MSF=3 和 MSF=4)的平均信息泄露率

在网络性能方面,人们通过收集阻塞率与资源占用率来评估所提出算法的性能。图 8-9 和图 8-10 显示了 GRSA、ES-RSA 与 MES-RSA(MSF＝2、MSF＝3 和 MSF＝4)的资源占用率与阻塞率。随着业务负载的提升,资源占用率和阻塞率也逐渐提升。通过对比 3 个算法的资源占用率与阻塞率可以发现,ES-RSA 由于安全策略的约束导致了其在网络性能上的衰退,MES-RSA 由于其对于频谱碎片的利用,相较于 GRSA 则具有更高的网络性能。在低负载下,ES-RSA 与 MES-RSA(MSF＝2)的阻塞率高于 GRSA,主要的阻塞原因为安全性的限制,而 GRSA 不考虑安全性,所以其阻塞率较低。对于 MES-RSA(MSF＝3、MSF＝4),可以通过将业务分出更多的子业务流使得 CIS 的传输不受安全限制的影响,所以在低负载情况下其阻塞率较低。在 MES-RSA 算法中,MSF 值越高,网络性能越好。这是因为 MSF 值越高,CIS 被分割成的子业务流越多,可以有效降低子业务流占用子载波的数量,使得一些尺寸较小的频谱碎片得到有效利用,因此可以得到更好的网络性能[25]。此外,由 MSF＝2 到 MSF＝3 对于优化效果的提升幅度要大于由 MSF＝3 到 MSF＝4 的提升幅度。这是因为,随着 MSF 的增加,路由距离变大,所需的保护带宽数量增多,保护带宽占用资源增多,使得算法的优化效果弱化。因此,在 MES-RSA 算法中,MSF 值变高会导致阻塞率降低与资源占用率升高,且随着 MSF 的提高,优化效果的提升会弱化[26]。

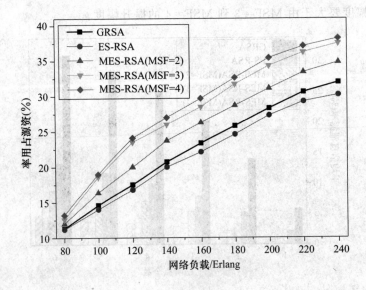

图 8-9　GRSA、ES-RSA 和 MES-RSA(MSF＝2、MSF＝3 和 MSF＝4)的资源占用率

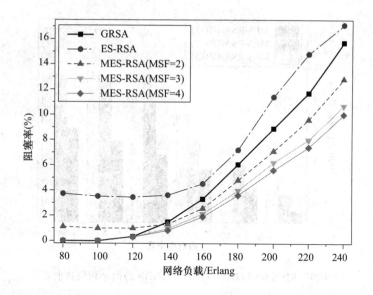

图 8-10　GRSA、ES-RSA 和 MES-RSA（MSF＝2、MSF＝3 和 MSF＝4）的阻塞率

8.5.3　保护带宽占用子载波数的影响

保护带宽用于保护信号免受频域中相邻信号的影响。在不同的网络环境下,根据实际需求所设置的保护带宽占用子载波数量（GB）的取值也各不相同。本小节评估了 MES-RSA 在不同 GB 取值下的适用性。其中收集了当 MSF＝3、MD＝128 ms 时,保护带宽分别占用子载波数量为 1、2、3 3 种条件下的统计量。由于 GB 取值对于 GRSA 与 ES-RSA 影响较小,所以图 8-11 只显示了 MES-RSA 在不同 GB 取值下的平均信息泄露率。在 MES-RSA 中,平均信息泄露率随着 GB 的增加而增加,这是因为每个子载波都需要保护带宽,在 MFVC 中较大的 GB 取值会增加 CIS 的资源开销,从而限制了 MFVC 的应用,并降低了对安全的优化效果。图 8-12 对比了 3 种情况下的阻塞率情况,随着 GB 取值的提升,阻塞率升高,MES-RSA 与其他算法的差距被拉近,这是因为 MFVC 被限制,弱化了 MES-RSA 算法的优势。因此,较小的 GB 值可以使 MES-RSA 具有更好的安全性与网络性能。

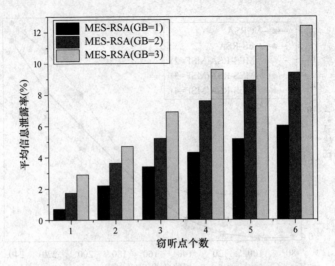

图 8-11　MES-RSA(GB=1、GB=2、GB=3)的平均信息泄露率

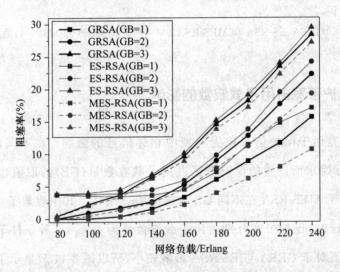

图 8-12　GRSA、ES-RSA 和 MES-RSA(GB=1、GB=2、GB=3)的平均信息泄露率

8.5.4　最大可容忍差分时延的影响

本小节评估了不同最大可容忍差分时延下 MES-RSA 的安全性与网络性能。图 8-13 和图 8-14 分别显示了 MES-RSA 中 MD 取值的不同对平均信息泄露率与阻塞率的影响,其中 MSF=3、GB=1,MD 分别取使用 SDRAM 时的 128 ms 和使用内部存储器时的 250 μs 两个典型的阈值。由于差分时延产生于光链路建立后的业务传输过程中,业务流以光波形式通过中间节点,因此,通过中间节点的时延可

以忽略不计。可以看出在 MES-RSA（MD＝250 μs）中平均信息泄露率与阻塞率高于在 MES-RSA（MD＝128 ms）中的情况。这是由于 MD＝250 μs 时一些可选路径组由于差分时延过大被删除，因此其可选路径数量要少于 MD＝250 μs 时的可选路径数量。MFVC 被限制导致其对于网络安全性与性能的优化作用被削弱。然而，MD＝250 μs 时，MES-RSA 相对于 GRSA 与 ES-RSA 依然具有较低的平均信息泄露率与阻塞率。此外，在低负载下，MES-RSA（MD＝250 μs）也出现了阻塞率相对 GRSA 较高的情况，这是由于 MFVC 被限制导致了与 ES-RSA 相同的由安全限制引发的阻塞。

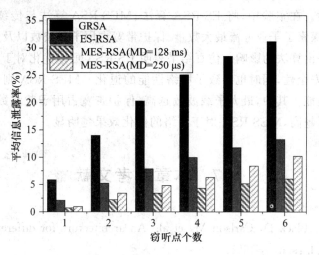

图 8-13　GRSA、ES-RSA 和 MES-RSA（MD＝128 ms、MD＝250 μs）的平均信息泄露率

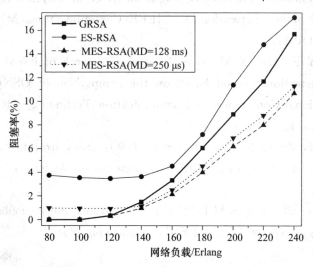

图 8-14　GRSA、ES-RSA 和 MES-RSA（MD＝128 ms、MD＝250 μs）的阻塞率

8.6 本章小结

本章面向光纤通信的窃听攻击，主要聚焦于光与无线融合网络中光传输部分如何满足保密信息业务的安全需求问题。首先，利用概率理论描述窃听攻击，实现窃听攻击感知。然后，在此基础上提出窃听感知的安全 RSA 与基于 MFVC 的窃听感知安全 RSA。最后，通过大量的仿真实验验证了所提出的 ES-RSA 与 MES-RSA 算法的有效性。在实验中，将 ES-RSA 算法、MES-RSA 算法与传统 RSA 算法进行了比较，并探索了子业务流最大数量、保护带宽占用子载波数以及最大可容忍差分时延对所提出算法的影响。仿真结果表明 ES-RSA 可以优化对于窃听攻击的防御能力，提升安全性，同时也导致了网络性能的退化。MES-RSA 则可同时优化安全性与网络性能。其中，最大子载波数越高，保护带宽占用子载波数越小，最大可容忍差分时延越高，MES-RSA 对于网络的优化效果越明显。

8.7 本章参考文献

[1] Blake S, Black D, Carlson M, et al. An architecture for differentiated services [R]. [S. l. :s. n.], 1998.

[2] Skorin-Kapov N, Furdek M, Zsigmond S, et al. Physical-layer security in evolving optical networks [J]. IEEE Communications Magazine, 2016, 54(8): 110-117.

[3] Zhang Y F, Liao X M, Ji S B, et al. Research of FWM eavesdropping attack detection method based on the comparison of OSNR [C]//IEEE International Conference on Communication Technology (ICCT). Jinan: IEEE, 2011: 549-551.

[4] Yang H, Zhang J, Zhao Y, et al. CSO: cross stratum optimization for optical as a service [J]. IEEE Communications Magazine, 2015, 53(8): 130-139.

[5] Checko A, Christiansen H L, Yan Y, et al. Cloud ran for mobile networks—a technology overview [J]. IEEE Communications Surveys & Tutorials, 2015, 17(1): 405-426.

[6] Zhang J, Ji Y, Zhang J, et al. Baseband unit cloud interconnection enabled by flexible grid optical networks with software defined elasticity [J]. IEEE

Communications Magazine, 2015, 53(9): 90-98.

[7] Chatterjee B C, Sarma N, Oki E. Routing and spectrum allocation in elastic optical networks: a tutorial [J]. IEEE Communications Surveys & Tutorials, 2015, 17(3): 1776-1800.

[8] Fallahpour A, Beyranvand H, Nezamalhosseini S A, et al. Energy efficient routing and spectrum assignment with regenerator placement in elastic optical networks [J]. Journal of Lightwave Technology, 2014, 32(10): 2019-2027.

[9] Zhao J, Wang W, Li W, et al. A novel partition-plane impairment aware routing and spectrum assignment algorithm in mixed line rates elastic optical networks [J]. Photonic Network Communications, 2017, 33(1): 11-18.

[10] Skorin Kapov N, Jiajia C, Wosinska L. A new approach to optical networks security: attack-aware routing and wavelength assignment [J]. IEEE/ACM Transactions on Networking, 2010, 18(3): 750-760.

[11] Zhu J, Zhao B, Lu W, et al. Attack-aware service provisioning to enhance physical-layer security in multi-domain EONs [J]. Journal of Lightwave Technology, 2016, 34(11): 2645-2655.

[12] Yuan S L, Stewart D. Protection of optical networks against interchannel eavesdropping and jamming attacks [C]//International Conference on Computational Science and Computational Intelligence (CSCI). Las Vegas: IEEE, 2014: 34-38.

[13] Singh S K, Bziuk W, Jukan A. Balancing security and blocking performance with reconfiguration of the elastic optical spectrum [C]//International Convention on Information and Communication Technology, Electronics and Microelectronics (MIPRO). Opatija: IEEE, 2016: 612-617.

[14] Engelmann A, Zhao S, Jukan A. Improving security in optical networks with random forwarding and parallel transmission [C]// IEEE Global Communications Conference (GLOBECOM). San Diego: IEEE, 2015: 1-6.

[15] Yang H, Zhang J, Zhao Y, et al. Multi-flow virtual concatenation triggered by path cascading degree in Flexi-Grid optical networks [J]. Optical Fiber Technology, 2013, 19(6): 604-613.

[16] Yang H, Zhang J, Ji Y, et al. Performance evaluation of multi-stratum resources integration based on network function virtualization in software defined elastic data center optical interconnect [J]. Optics Express, 2015,

23(24): 31192-31205.

[17] Yeoh P L, Yang N, Kim K J. Secrecy outage probability of selective relaying wiretap channels with collaborative eavesdropping [C]//IEEE Global Communications Conference (GLOBECOM). San Diego: IEEE, 2015: 1-6.

[18] Xia M, Proietti R, Dahlfort S, et al. Split spectrum: a multi-channel approach to elastic optical networking [J]. Optics Express, 2012, 20(28): 29143-29148.

[19] Chen B, Zhang J, Zhao Y, et al. Multi-link failure restoration with dynamic load balancing in spectrum-elastic optical path networks [J]. Optical Fiber Technology, 2012, 18(1): 21-28.

[20] Chen B, Zhang J, Zhao Y, et al. Spectrum-block consumption for shared-path protection with joint failure probability in flexible bandwidth optical networks [J]. Optical Switching and Networking, 2014(13): 49-62.

[21] ITU-T. Interfaces for the optical transport network (OTN): G. 709/Y. 1331 [S]. [S. l. : s. n.], 2001.

[22] Huang S, Rai S, Mukherjee B. Survivable differential delay aware multi-service oversonet/sdh networks with virtual concatenation [C]//Optical Fiber Communication Conference and Exposition and The National Fiber Optic Engineers Conference (OFC). Anaheim: OSA, 2007: OThJ5.

[23] Yang H, Yao Q, Yu A, et al. Resource assignment based on dynamic fuzzy clustering in elastic optical networks with multi-core fibers [J]. IEEE Transactions on Communications, 2019, 67(5): 3457-3469.

[24] Yang H, Bai W, Yu A, et al. Bandwidth compression protection against collapse in fog-based wireless and optical networks [J]. IEEE Access, 2018(6): 54760-54768.

[25] Yao Q, Yang H, Yu A, et al. Transductive transfer learning-based spectrum optimization for resource reservation in seven-core elastic optical networks [J]. IEEE/OSA Journal of Lightwave Technology, 2019, 37(16): 4164-4172.

[26] Yang H, Zhang J, Zhao Y, et al. Service-aware resources integrated resilience for software defined data center networking based on IP over Flexi-Grid optical networks [J]. Optical Fiber Technology, 2015(21): 93-102.

第9章 光与无线网络资源优化机理

9.1 光与无线网络跨层优化算法

在光与无线网络中，无线频谱、光网络和 BBU 处理资源的多层资源部署用于优化的场景中。传统的资源评估策略仅考虑一种资源来评估资源利用率。在本节中，基于功能架构，我们在 OC 中提出了一种全局评估策略（Global Evaluation Strategy, GES），以实现交叉无线、光网络和 BBU 层的多层次资源优化，保证 QoS 需求。先前的组网模式和全局优化方案已在数据中心组网场景中进行了研究。请注意，全局评估策略可通过在全局视图中考虑多维资源来评估资源利用率。跨层优化方案（Cross Stratum Optimization, CSO）[1]仅考虑数据中心和光网络资源，而与 CSO 相比，GES 是资源维度的延伸。

9.1.1 网络模型

软件定义的光与无线网络中的多层优化架构表示为 $G(V, V', L, L', F, A)$。其中 $V = \{v_1, v_2, \cdots, v_n\}$ 和 $V' = \{v'_1, v'_2, \cdots, v'_n\}$ 分别表示支持 OpenFlow 的光交换和 RRH 节点的集合；$L = \{l_1, l_2, \cdots, l_n\}$ 和 $L' = \{l'_1, l'_2, \cdots, l'_n\}$ 分别表示 V 和 V' 中节点之间的双向光纤链路集；$F = \{w_1, w_2, \cdots, w_F\}$ 是每条光纤链路上的无线和光谱集合；A 表示 BBU 节点集合。$V/V', L/L', F$ 和 A 分别表示网络节点、链路、频率槽和 BBU 节点的数量。在每个 BBU 服务器中，两个时变 BBU 处理层参数描述了计算和存储资源的服务条件，它们由随机存取存储器（Random Access Memory, RAM）建模的存储利用率 U^t_m 和 CPU 使用率 U^t_c 组成。从另一个角度看，光网络层中的参数包含每个候选路径的跳跃 H_p，以及每个链路的占用网络带宽权重 W_l，它们与相应链路的流量成本有关。无线参数包含符号率 B_r 和当前无线信号的射频 F_r。从用户的角度来看，他们非常注重 QoS 的体验，而不是关注哪个服务器提供服务。因此，对于来自源节点 s 的每个请求，可以将其转换为所需的网络和处理资源。注意,为简单起见,这些资源包含网络模式分析中所需的网络带宽 b 和处理资源。我们将上述第 i 个交通请求表示为 $TR_i(s,b,ar)$,而 TR_{i+1} 将在时间顺序连接需求 TR_i 之后到达,其中 ar 表示应用资源。另外,根据连接请求和资源状态,可以基于策略选择适当的 BBU 服务器作为目的节点。

9.1.2 全局评估因子

GES 可以根据从 BBU 收集的处理状态以及 RC 和 OC 提供的无线和光网络条件来选择新的 BBU。为了衡量服务提供的选择合理性,我们将 α 定义为考虑所有多个层次参数的全局评估因子。注意,两个处理参数 CPU 使用率 U_c^t 和存储利用率 U_m^t 描述了 BBU 资源的当前使用情况,而光网络参数包括当前链路的流量工程权重 W_l 和候选路径的跳跃 H_p。无线参数包含符号率 B_r 和当前无线信号的射频 F_r。整体 BBU 功能表示为公式(9-1),其中 φ 是存储和 CPU 使用之间可调整的比例。在 BBU 功能中,由于尺寸不同,很难评估 CPU 和 RAM 的利用率。为了测量 BBU 处理的选择合理性,可调整比例重量 φ 与存储和 CPU 使用情况的比例。

$$f_{ac}(U_m^t, U_c^t, \varphi) = \varphi \times U_m^t + (1-\varphi) \times U_c^t \tag{9-1}$$

$$f_{bc}(H_p, W_l) = \sum_{l=1}^{H_p} W_l \tag{9-2}$$

$$f_{cc}(B_r, F_r) = B_r^2 / F_r \tag{9-3}$$

另外,光网络功能表示为公式(9-2),而无线功能表示为公式(9-3)。$f_{a1}, f_{a2}, \cdots,$ f_{ak} 是 k 个候选 BBU 节点中的 BBU 参数,而 $f_{b1}, f_{b2}, \cdots, f_{bk}$ 和 $f_{c1}, f_{c2}, \cdots, f_{ck}$ 是与 k 个候选路径相关的光网络和无线参数。因此全局评估因子 α 符合公式(9-4),其中 b 和 c 是 BBU、光网络和无线参数之间的可调整权重。需要注意的是,流量工程权重 W_l 可以在当前光网络中获得,即占用带宽率和总网络带宽。而 β 和 γ 作为预设比例是 BBU、光网络和无线参数之间的可调整权重。实际上,可调节的重量与网络幅度有关。如果 BBU 的数量相对较大,则 BBU 参数的可调整权重 β 的值应该较低。这是因为 BBU 资源与其他资源相比变得相对足够,因此相应的权重不可避免地成为次要考虑因素。根据推理的奇偶性,如果光节点的数量相对足够,则光网络参数的可调权重 γ 的值应该变低。而且如果射频带宽相对空闲,则无线参数的可调节权重变得低于其他。由于给定的网络幅度是恒定的,因此可以提前设置它们的值,以描述这些参数的重要性。它们在方程式计算中是恒定的,因为它们已经在计算之前被设置。

$$\alpha = \frac{f_{ac}(U_m^t, U_c^t, \varphi)}{\max\{f_{a1}, f_{a2}, \cdots, f_{ak}\}} \beta + \frac{f_{bc}(H_p, W_l)}{\max\{f_{b1}, f_{b2}, \cdots, f_{bk}\}} \gamma +$$

$$\frac{f_{cc}(B_r, F_r)}{\max\{f_{c1}, f_{c2}, \cdots, f_{ck}\}} (1-\beta-\gamma) \tag{9-4}$$

9.1.3　全局评估策略

我们假设 BBU 节点包括计算和存储资源,而 BBU 池可以看作数据中心。根据 BBU 资源利用率,GES 首先在 BBU 层中选择最佳的 k 个候选 BBU 节点,用于无线信号和连续频谱路径。在无线频谱和光网络层中,将从 k 个候选中选择具有基于全局评估因子 α 的最小值的节点。在选择 BBU 之后,可以通过源节点和目的节点之间的 OpenFlow 协议,利用频谱和调制的射频分配来建立路径。

上一节中提出的 CSO 考虑了网络场景中的两种资源,即数据中心应用资源和光网络资源。数据中心应用程序 f_a^1 由 3 个参数组成,这 3 个参数为内存利用率 U_m^t、I/O 调度 U_l^t 和 CPU 使用率 U_c^t。而光网络 f_b^1 包含光路的跳跃 H_p 和每个链路的占用网络带宽权重 W_l。另外,多层优化(Multiple Stratum Optimization,MSO)方案的三维资源(即无线频谱、光网络和 BBU 处理资源)已经存在于 C-RoFN 中。BBU 处理包括两个时变 BBU 层参数,描述计算和存储资源的服务条件,其由 RAM 建模的存储器利用率 U_m^t 和 CPU 使用率 U_c^t 组成。无线参数包含符号率 B_r 和当前无线信号的射频 F_r。因此,MSO 中的全局评估策略可用于在全局视图中考虑多维资源来评估资源利用率。CSO 可以类似的方式描述为公式(9-5)。CSO 只考虑数据中心和光网络资源,而全局评估策略是与 CSO 相比资源维度的扩展。

$$\alpha^1 = \frac{f_{ac}^1(U_m^t, U_l^t, U_c^t, \varphi)}{\max\{f_{a1}^1, f_{a2}^1, \cdots, f_{ak}^1\}}\beta^1 + \frac{f_{bc}^1(W_l, H_p)}{\max\{f_{b1}^1, f_{b2}^1, \cdots, f_{bk}^1\}}(1-\beta^1) \qquad (9\text{-}5)$$

候选 BBU 服务器表示为集合 $\boldsymbol{F}_a = \{f_{a1}, f_{a2}, \cdots, f_{ak}\}$。从矢量图形的角度来看,$\boldsymbol{F}_a$ 被视为 k 个占有矢量 f_{a1} 的 K 元素大小的矢量空间 $f_{a1}, f_{a2}, \cdots, f_{ak}$。向量空间 $\boldsymbol{F}_a$ 的平均向量 $\overline{f}_a$ 表示它们的中心。矢量 f_a 和平均矢量 $\overline{f}_a$ 之间的距离用 $\parallel f_a - \overline{f}_a \parallel^2$ 表示。在这些矢量中,矢量 f_{ai} 和 f_{aj} 是最远并且最接近平均矢量 $\overline{f}_a$,它们分别由式(9-6)和式(9-7)决定。矢量 f_{ai} 和 f_{aj} 的相关系数为 γ,见式(9-8)。相关系数与负载均衡度有关,较大系数表示 BBU 中的负载均衡度变好。较大的系数表示服务器的负载可以更加平衡,并且 BBU 服务器中的平衡度变得更好。负载均衡度定义为每个 BBU 服务器中处理资源利用率的相关性。

$$\parallel f_{ai} - \overline{f}_a \parallel_2 = \max_{\forall a}\{\parallel f_a - \overline{f}_a \parallel_2\} \qquad (9\text{-}6)$$

$$\parallel f_{aj} - \overline{f}_a \parallel_2 = \max_{\forall a}\{\parallel f_a - \overline{f}_a \parallel_2\} \qquad (9\text{-}7)$$

$$\gamma = \frac{\text{cov}(f_{ai}, f_{aj})}{D(f_{ai}) \cdot D(f_{aj})} = \frac{E(f_{ai} \cdot f_{aj}) - E(f_{ai}) \cdot E(f_{aj})}{\sqrt{E(f_{ai}^2) - [E(f_{ai})]^2} \cdot \sqrt{E(f_{aj}^2) - [E(f_{aj})]^2}} \qquad (9\text{-}8)$$

9.1.4 网络性能验证

为了评估本节所提出的架构的可行性和效率,我们建立了一个基于测试平台的软件定义的 C-RoFN 弹性光网络,包括控制平面和数据平面,如图 9-1 所示。在数据平面中,使用两个模拟 RoF 强度调制器和检测模块,它们由工作在 40 GHz 频率的微波源驱动,以产生双边带。4 个支持 OpenFlow 的弹性 ROADM 节点在 EON 中配备了 Finisar BV-WSS。我们使用 Open vSwitch(OVS)作为 OFP 软件代理,根据光调制器和 BV-WSS 的 API 来控制硬件,并在控制器和无线频谱与光节点之间进行交互。此外,OFP 代理用于模拟数据平面中的其他节点,以支持具有 OFP 的 MSO。BBU 池和 OFP 代理在由 IBM X3650 服务器上运行的 VMware ESXi V5.1 创建的一组虚拟机上实现。虚拟操作系统技术使得为大规模扩展而设置实验拓扑变得容易。对于基于 OpenFlow 的 MSO 控制平面,OC 服务器被分配用于支持所提出的架构,并通过 3 个虚拟机进行部署,用于 MSO 控制,网络虚拟化和 PCE 作为插件,而 RC 服务器用作射频资源监视和分配。BC 服务器部署为 CSO 代理,用于监控来自 BBU 的计算资源。每个控制器服务器控制相应的资源,而数据库服务器负责维护流量工程数据库(TED),连接状态和数据库的配置。我们部署了与 RC 相关的服务信息生成器,它实现了用于实验的批量 C-RoFN 服务。

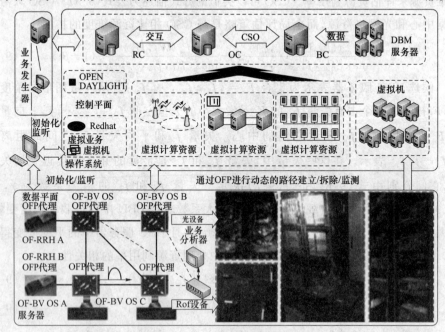

图 9-1　实验测试平台和演示器设置

　　基于测试平台,我们在软件定义的 C-RoFN 中实验性地设计并验证了 MSO 的服务。图 9-2(a)和图 9-2(b)分别展示了使用 OFP 通过部署在 OC 和 RC 中的 Wireshark 捕获 MSO 的整个信令过程。如图 9-2(a)及图 9-2(b)所示,10.108.67.21、10.108.49.14 和 10.108.50.74 分别代表 RC、OC 和 BC 的 IP 地址,而10.108.49.23 和 10.108.49.24 分别代表相应的 OF-BVOS 节点。请注意,现有的消息为 OpenFlow 原始功能。为简单起见,这些消息被用来简化本方案。未来将定义新类型的消息以支持将来研究中的新功能。Protocol 列的圈中的数字表示信令程序的交互顺序。功能请求消息负责定期查询 OF-BVOS 关于当前状态的监视。OC 通过特征回复消息从 OF-BVOS 获得信息(即步骤 1,2)。当新请求到达时,RC 通过 UDP 消息发送对 MSO 的请求,其中我们使用 UDP 来简化过程并降低控制器的性能压力(即步骤 3)。在完成 GES 之后,OC 从 BC 中通过 UDP 获得计算结果并使用其计算考虑具有多个层资源的 CSO 路径(即步骤 4~6)。然后 OC 和 RC 提供频谱路径(即步骤 7,8)并分配射频(即步骤 9,10),以通过流动模式消息控制相应的节点。然后,OC 利用 UDP 将资源使用更新为 RC,以保持同步(即步骤 11)。可以利用 MSO 在频谱信道上调制无线信号。

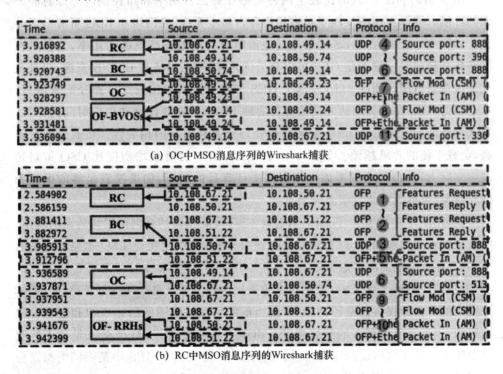

(a) OC中MSO消息序列的Wireshark捕获

(b) RC中MSO消息序列的Wireshark捕获

图 9-2　OC 和 RC 中 MSO 消息序列的 Wireshark 捕获

我们还用 GES 评估了 MSO 算法在高流量负载情况下的性能,并与传统的基于虚拟机的 CSO 算法[2]进行了比较。请求的带宽随机分布在 500 MHz～40 GHz 之间,其中弹性光网络中的频谱时隙为 6.25 GHz。BBU 中的服务处理使用率从每个需求的 0.1%～1% 随机选择。为了计算式(9-1)至式(9-4),公式中有几个预设权重。注意,φ 是 CPU 和内存之间的预设权重,用来衡量它们的重要性,而 β 和 γ 是 BBU、光网络和无线参数之间的预设权重。对于 GES,我们可将调整权重 φ、β 和 γ 的值分别预设为 50%、33% 和 33%,以避免仿真设置中的实验复杂性。战略中的时变参数将在未来进行研究。V、V'、L、L'、F 和 A 的值分别设置为 14、28、21、20、120 和 4。根据 CPU 使用率 U_c^t 和内存利用率 U_m^t,GES 首先通过式(9-1)计算 BBU 的当前使用情况,在 BBU 层中选择最佳的 k 个候选 BBU 节点。在无线层和光网络层中,应使用式(9-2)和式(9-3)计算候选节点的无线和光网络利用率,可以通过式(9-4)计算全局评估因子。然后,根据无线、光网络和 BBU 利用率,从 k 个候选者中选择具有最小值的节点作为服务的目的节点。在选择节点之后,可以执行第一适合策略作为源和目的地之间的供应路径的射频和频谱分配。

图 9-3(a)和图 9-3(b)比较了两种策略在资源占用率和路径供应等待时间方面的性能。资源占用率反映了被占用资源占整个无线、光网络和 BBU 资源的百分比。如图 9-3(a)所示,GES 可以比其他策略更有效地提高资源占用率,尤其是在网络负载较重时。原因是 GES 可以全局优化无线、光网络和 BBU 层资源,以最大化无线覆盖范围。图 9-3(b)显示了 GES 与其他策略相比减少了路径配置延迟。这是因为 GES 在服务到达之前选择目的地 BBU,这导致计算和供应时间的消耗。负载均衡度定义为每个 BBU 服务器中处理资源利用率的相关性。负载均衡度越高,负载平衡的效果越差。如图 9-3(c)所示,GES 的负载均衡度比 CSO 策略稍高。实际上,CSO 策略仅考虑应用资源来计算目的节点,如果没有足够的射频和波长资源,可能无法建立服务调节。

此外,图 9-3(d)显示了 GES 具有比 CSO 策略稍高的光网络平均跳跃的现象。随着提供负载的增加,可以看到另一种现象,GES 曲线更接近 CSO 策略。这是因为 GES 在全局范围内考虑无线、光网络和 BBU 处理资源来计算和分配路径。此外,在选择目的地之后,CSO 策略仅考虑光网络资源并以最小跳数计算路径。CSO 注重光网络参数权重的路径计算,即使当前网络具有较强的射频资源和足够的网络资源,也可以节省更多的网络资源。由于不可变参数,CSO 消耗大量的无线频谱资源来交换光网络层的微小改进。实际上,性能优化在 GES 中是不同类型资源之间的权衡。GES 部分地扩展了 BBU 中的负载均衡和光网络中的平均跳跃性能,并将它们明显地转化为整体资源利用率的提高和路径配置响应的增强。

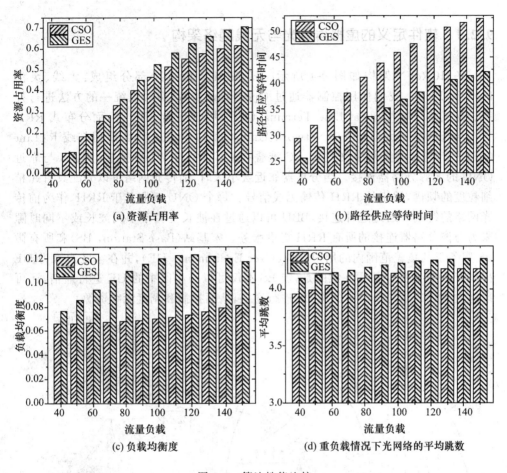

图 9-3　算法性能比较

9.2　异构光与无线网络的虚拟化时频资源联合优化

我们利用 C-RoFN 架构中的 ROF 技术，设计了一个灵活的时波分复用无源光网络（flexible Time-Wavelength Division Multiplexing Passive Optical Network，TWDM-PON）。TWDM-PON 可以平滑带宽并细化波长[3]，从而虚拟化 BBU 和 RRH 来优化无线、光谱和 BBU 资源。我们提出了一种虚拟异构光与无线网络（Virtual-Heterogeneous Cloud RoFN，V-HCRoFN）架构，并使用协作多点（Coordinated Multiple Point，CoMP）评估其在移动服务下的性能。数值结果表明，与传统的 C-RoFN 架构相比，我们提出的 V-HCRoFN 在高负载的情况下能实现更好的频谱效率。

9.2.1 软件定义的虚拟异构光与无线网络架构

V-HCRoFN 架构如图 9-4 所示。H-CRoFN 由 3 个部分组成：无线、灵活 PON 和 BBU。我们使用控制器通过 OpenFlow 协议（OF）以统一的方法进行控制。光线路终端（Optical Line Termina，OLT）用于互连 BBU 池，而分布式 RRH 直接与光网络单元（Optical Network Unit，ONU）连接。BBU 使用与线卡（Line Card，LC）连接的光网络收发器，LC 堆叠在 OLT 中与 WDM 连接，WDM 与靠近 ONU 的无源分路器连接。当分离器靠近宏小区时，前传光网络可以分配具有超精细粒度的频谱，用于从 RRH 传输无线信号。每个 ONU 都服务于 RRH，作为前传光网络的终端。通过这种连接，BBU 可以通过在波长上共享不同波长或不同时隙来为与该分路器连接的所有 RRH 提供服务。宏基站（Base Station，BS）和所有微 BS 服务于其覆盖范围内的用户设备（User Equipment，UE），并在小区边缘为 UE 提供 CoMP 服务。值得注意的是，宏 BS 不仅可以与小区中的 UE 进行通信，还可以通过无线通信与小区中的微 BS 进行通信，从而控制和调度无线资源。

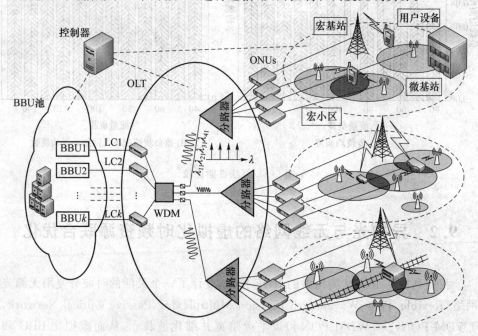

图 9-4　V-HCRoFN 架构概述

图 9-5 给出了在一个宏小区中具有 CoMP 的 V-HCRoFN 实例。V-HCRoFN 是一种光信道，通过这种光信道 BBU 与一组 RRH（主微 BS 和相邻微 BS）共享波长数据。模拟信号以光波长调制，通过线卡（LC）传输到 BBU 池，可以由 BBU 处理。在 V-HCRoFN 中，我们使用协同处理（Cooperative Processing，CP）控制器来

分配无线、光谱和 BBU 资源。为了控制 V-HCRoFN,CP 由三部分组成,分别为无线、光谱和 BBU 资源。通过 CP 实现多层资源的融合,使得 V-HCRoFN 能够在高层次上保证端到端的服务质量。CP 需要 OF-RRH 动态跟踪移动 UE 并获得位置,因此需要非常低的延迟。可以安装 BBU 池以提供信号处理途径,这是在 BBU 池中部署 CP 的最佳方式。使用 CP,全局信息聚合到 BBU 池中,从而在超低延迟内处理。位于宏小区中的相邻微 BS 可以在统一的控制下提供协同服务。通过使用 V-HCRoFN,与接入网络相关联的无线和光资源被切片以服务于 UE。由于这些原因,V-HCRoFN 可以选择多个微 BS 来提供 CoMP 服务和适当的 BBU 以处理数据,从而提高吞吐量并增强端到端 QoS。更重要的是,V-HCRoFN 架构虚拟化 RRH,可以改变 BBU 之间的连接。对于一个请求,可以在一个 BBU 中从多个 RRH 处理无线信号,而不是使用不同的波长来发送不同的 BBU,使得 BBU 不需要交换信息,可以减少等待时间和能量消耗。

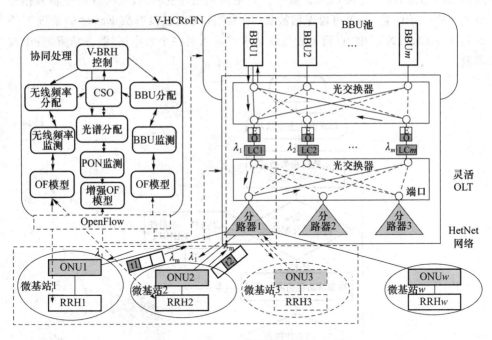

图 9-5　具有 CoMP 的 H-CRoFN 架构

如图 9-5 所示,微基站 2 是主微基站,而宏基站 1 和微基站 3 是相邻基站。宏基站 1 和微基站 2 用于具有 CoMP 的小区边缘 UE。考虑下行链路,来自 BBU1 的流量被传输到灵活的 TWDM PON 并被分成 RRH1 和 RRH2。当 UE 进入由微基站 2 和微基站 3 控制的小区边缘时,通信模型与传统的 C-RoFN 模型相同。通过这种方式,按照波长均匀性约束规则,RRH3 使用与 RRH1 和 RRH2 中相同的波长。对于上行链路,具有 CoMP 服务的 ONU 使用由 CP 选择的连续时隙资源中的另一波长来将数据从 RRH 发送到 BBU。尽管 UE 离开微基站 2 并进入微基站

3,但是在前传光网络中使用的波长是连续的,数据可以在不选择 BBU 的情况下被发送到 BBU1 并且按照之前提出的方法进行处理。

9.2.2　基于虚拟异构光与无线网络架构的资源分配方案

为了最大化吞吐量、QoS 级别和最小化延迟,V-HCRoFN 方案应考虑波长和 BBU 选择。我们使用流程图(图 9-6)来概述 V-HCRoFN 方案。新请求到来时,宏基站将返回主微基站和相邻微基站关于无线和光网络的信息。利用全局信息,在波长和 BBU 之间进行权衡选择,以便为 CP 中的请求提供服务。在 CP 的控制下,为请求选择的波长将保留在主微基站的其他相邻微基站中。同时,V-HCRoFN 中的所有基站将不断更新,直到主微基站发生变化。一旦相邻微基站已经知道 UE 到达小区边缘,便将提供 CoMP 服务。当主微基站改变时,波长将保留在新的相邻微基站中。请注意,如果可以保留波长,则 RRH 可以在没有数据传输的情况下添加到 V-HCRoFN 组中,直到 UE 完成请求或进入另一个宏小区,服务结束,资源被释放。

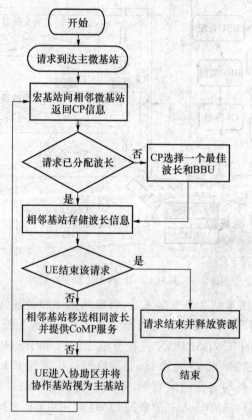

图 9-6　V-HCRoFN 方案流程图

9.2.3　网络性能验证

我们假设一个异构网络(Heterogeneous Network,HetNet)场景,其中存在许多微小区,并且每个小区都有一些高流量负载的相邻小区。我们提出的 V-HCRoFN 方案使用灵活的基于 TWDM-PON 的 ROF 架构进行评估,其中安装了 10 个 BBU 并用于 64 个 RRH,因为在灵活的 OLT 中,一个分路器最多可以支持 64 个 ONU。我们假设每个 ONU 都具有 25 Gbit/s 波长带宽,并且最多可以支持 16 个波长。此外,每个微小区都具有 5~20 MHz 的频谱带宽。我们考虑一个动态场景,其中请求在 5 个微小区的内部迁移,并且每个微小区都具有 3~5 个相邻小区。相邻小区的数量可以影响 BS 提供 CoMP 的机会,因为对于具有大量相邻小区的区域,如果业务需求处于高状态,则可能具有更多可能性。我们假设 CoMP 流量占总流量的一部分,而 0.5~0.9 的比率用于评估性能。

在图 9-7(a)中,我们在阻塞概率方面对本节所提出的 V-BRH 和 C-RoFN 的性能进行了比较。从图 9-7(a)中可以看出,与 C-RoFN 相比,V-BRH 可以在所有条件下大大地降低阻塞概率,因为 V-BRH 可以使用一个 BBU 和一个波长继续为具有 CoMP 的动态 UE 服务,因此请求可以被分配到合适的资源。与不同的 CoMP 流量比率相比,V-BRH 即使在高负载下也可以将到达的请求置于更好的位置。CP 可以用合理的方法分配资源,图 9-7(b)给出了 V-BRH 和 C-RoFN 的资源占用率,CoMP 流量比为 0.8。资源是指整个无线、光纤和 BBU 资源。结果表明,V-BRH 可以有效地提高资源占用率,而不是 C-RoFN。图 9-7(c)显示了响应延迟,我们假设 BBU 响应时间达到 1 ms 级别,并且当速率为 130 Erlang 时,将 V-BRH 和 C-RoFN 的平均响应时间进行对比。我们发现与 C-RoFN 相比,V-BRH 可以减少平均响应时间,因为在具有 CoMP 的 V-BRH 架构中,BBU 之间不需要信息切换。

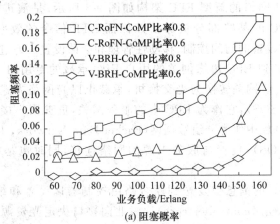

(a) 阻塞概率

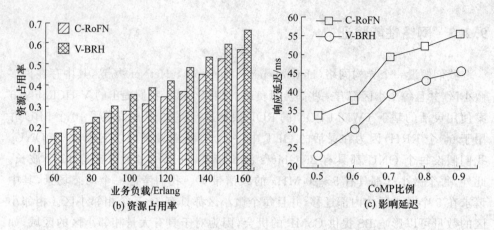

图 9-7　V-BRH 和 C-RoFN 的性能对比分析图

9.3　基于软件定义的移动光承载网动态流量光层资源分配

由于无线通信中的潮汐现象和公司级移动服务的切换现象等,移动网络中经常会发生大量用户流量的迁移,这些迁移将在很大程度上影响交通流量的分配。因此在数据平面中满足网络动态要求的同时,保证网络性能尤为关键。本方案首先描绘了基于光与无线网络的移动网络架构,然后提出了在该架构下的两种光承载分配方案,以适应未来移动网络中的业务动态特性。

9.3.1　移动光承载网络架构

基于光与无线网络的新型 EPC 架构如图 9-8 所示,是演进分组的演进核心(EPC)。标准 EPC 的某些部分被保留以保证 LTE 信令的效率:移动管理实体(MME)负责用户设备的访问控制、移动性管理和会话设置。通过 GPRS 隧道协议(GTP)建立从 UE 到 EPC 边缘网关的用户 EPC 承载的专用 IP 连接。在新架构中,用户平面从 EPC 网关转换为光交换机,承载也以光网络方式实现。我们定义了服务光交换机(SOS),它作为 EPC 中的服务网关,负责用户接入与回程连接的流量;定义了在 EPC 中作为分组数据网(Packet Data Network,PDN)网关工作的PDN 光交换机(POS),负责与服务来源的网络连接,同时也是核心承载的一个端点。

来自 S/POS-C 的消息被发送到联合路由控制器以设置和维护流量的 IP 路由。然后控制器核心(controller core)通过北向接口决定光资源分配的策略。根据不同粒度的移动流量的速率需求,我们将核心网络中从接入 SOS 到 POS 的光路定义为光载体,而且将采取不同的方案来优化核心网络的性能。控制器通过南向接口发送扩展的 OpenFlow 流而建立或修改光路;基于 OpenFlow 的光交换机从 OpenFlow 代理接收流量进入 flow-entry 命令并根据动作执行。

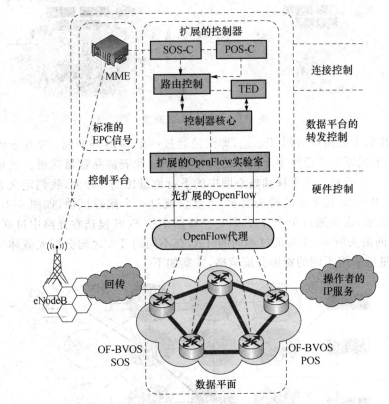

图 9-8　基于光与无线网络的新型 EPC 架构

9.3.2　流量的动态资源分配

在此研究中,我们主要聚焦于优化光交换机的选择并根据流量速率情况在电层中匹配合适的光网络粒度。当用户首次连接到追踪区域时,控制器首先根据来自 MME 的信令计算从 UE 到 POS 的 IP 路由。

光载机调整主要发生在两种情况下:当用户访问过载的 POS(在与回程连接的 POS 端口发生阻塞),以及如潮汐现象的大量用户移动到另一个跟踪区域时,如图 9-9 所示。在第一种情况下,在找到 IP 路由后,流量应该流经 SOS 中的轻载端口,并且 SOS 的流量负载在资源规划 RSA 问题中具有更大的权重。在第二种情况下,承载的 SOS 和 POS 处于不同的跟踪区域,在 SOS 所属的跟踪区域中,较少新建的光路可以为其他业务保留更多的资源,从而降低了阻塞概率。我们将 SOS 的

流量负载定义为

$$TL_{SOS} = \sum_{L_A} \frac{T_{Duration} \times R}{N_{us}} \tag{9-9}$$

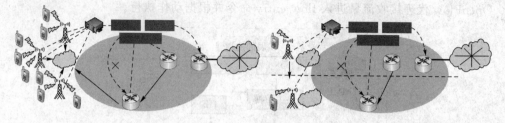

图 9-9　光网络负载调整

这里我们考虑持续时间 $T_{Duration}$，即流量通过一个 SOS 的时间。R 表示流量速率。N_{us} 表示相邻光纤链路中未占用的插槽数。L_A 代表链路数量流量。流量调度示例如图 9-10 所示。由于移动核心网中的下行流量比例非常大，我们定义 3 种下行流量：如图 9-10 最上面的箭头所示，流量仅流过一个跟踪区域；如图 9-10 最下面的箭头所示，流量通过单个 TA，但是一些居中的 SOS 候选在光路中过载；如图 9-10 中间的箭头所示，流量流过不同的 TA，在不同的 TA 之间分配光载体。不同类型的流量应采用不同的资源分配策略，方案如下。

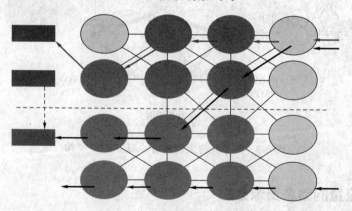

图 9-10　流量调度示例

第一，找到具有 SOS 和 POS IP 地址的路由，判断流量是否需要切换，以及存储流量的持续时间。第二，对于没有切换的流量，采用最短路径保持光路，从而通过最小化指示为 MinHop 策略的光开关之间的跳跃节省资源。对于需要进行光载量调整的流量，由于流量迁移经常导致 SOS 过载，所以采用预载平衡策略，表示为p-LB。为 SOS 分配不同的权重，根据式(9-9)中的流量负载计算光路。然后在光层中执行流量疏导，并在前 SOS 中减去持续时间。第三，配置光连接，应通过轻载光纤链路进行路由，并分配带宽资源(如频谱槽)。第四，更新网络的声明和流量的持续时间，然后对失败的流量进行排队处理。

9.3.3　网络性能验证

为了评估该方案的性能,构建一个基于 NS-3 的仿真平台,然后扩展 EPC 网络元素以支持新架构所需的动态配置。光交换机配置了光槽交换功能,网络中的每条链路都能切换 360 个光槽,槽位的频谱为 12.5 kHz。来自 eNodeB 的用户流量通过 NS-3 化合物进行设置。来自相同 eNode-B 的所有流量配置为 5~25 Gbit/s 的速率与 20~100 ms 的持续时间。

如图 9-11(a) 和图 9-11(b) 所示,随着切换发生的流量比例的增加,网络中的阻塞率急剧增加。由于阻塞概率高,将分配较少的光路,从而导致网络中的资源占用较少。显然,p-LB 方案将降低阻塞概率并提高移动核心网络中的占用率。由于切换的流量会产生很大的影响,我们在采用 p-LB 方案后测试性能。我们使用 NS-3 中的功能来测试切换时间,从用户发送之后的时间开始切换,直到流量访问到新的 SOS。模拟结果如图 9-11(c) 和图 9-11(d) 所示。从结果中我们可以发现采用新方案后的切换时间增加了近 30%,但仍然是 35 ms。而且切换失败率要低于采用 MinHop 方法时的切换失败率。

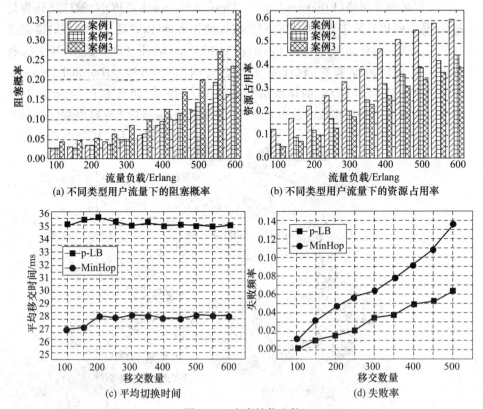

(a) 不同类型用户流量下的阻塞概率　　　(b) 不同类型用户流量下的资源占用率

(c) 平均切换时间　　　　　　　(d) 失败率

图 9-11　方案性能比较

9.4 面向节能的接入网动态带宽优化机制研究

随着接入设备数量的增加,以及接入站点和媒体的复杂多变,未来配电通信接入网络的能耗有望进一步增长,节能已成为光网络发展的关键问题。本方案提出了一种面向节能的光与无线接入网络架构,设计了一种节能感知控制策略,支持从多域角度进行统一优化和高效资源调度。此外,我们在光与无线网下提出并评估了多模混合动态带宽分配(Multimode Hybrid-Dynamic Bandwidth Allocation,MH-DBA)方案,其中,设计了 4 种节能模式和多周期混合自适应休眠方法,以最大化光网络单元的节能。仿真结果表明,MH-DBA 可以在不同的流量负荷下显著节约能耗,节能明显优于传统方案。

9.4.1 接入网络架构

以太网无源光网络(Ethernet Passive Optical Network,EPON)被广泛认为是低成本、易于使用且易于更新的最有利的接入网技术,可以满足日益增长的带宽需求与应用需求。结合无源光网络(Passive Optical Network,PON)技术,从多域收敛和集成控制的角度来看,软件定义动态光网络(Software Defined Dynamic Optical Network, SD-DON)的体系结构如图 9-12 所示,由控制层、4 级骨干通信网络层和接入网络层组成。分布式光接入网络指的是包括光线路终端(Optical

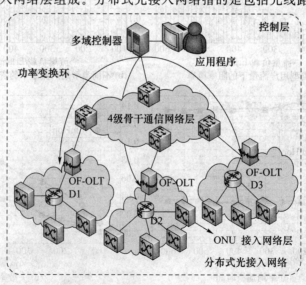

图 9-12 SD-DON 架构

Line Terminal，OLT)、分路器和光网络单元(Optical Network Unit，ONU)的底层网络设备。这些"傻瓜"硬件只需要传输数据和执行策略,控制器实现对网络策略的分析和管理。接入网络层为控制层提供基于 OpenFlow 协议的可编程接口,OpenFlow 协议是标准通信协议。域控制器可以集成到 OF-OLT 中。在控制层和接入层之间的 4 级电力骨干网络层的网关上发生融合,实现信息的智能采集。4级骨干通信网络层可以使用控制层上的北方应用程序编程接口(Application Programming Interface，API)实现更复杂的功能。在提出的 SD-DON 架构的基础上,我们提出了 ONU 睡眠和节能的关键技术。

　　基于所提出的 SD-DON 架构,每个控制模块的功能和相互协作关系如图 9-13所示。创新在于将自适应休眠控制模块(Adaptive Dormancy Control Module，ADCM)和多域控制模块(Multi-Domain Control Module，MDCM)添加到实现多域 ONU 的节能策略。在控制平面中,流量监控模块(Traffic Monitoring Module，TMM)收集服务流量的统计信息。MDCM 平衡了整个网络 OLT 带宽/流量的分配。在接收到流状态时,动态带宽分配模块(Dynamic Bandwidth Allocation Module，DBAM)的流量调度策略将根据不同业务的所需时隙分配带宽。根据休眠策略,ADCM 的时隙计算单元计算每个 ONU 的时隙分布和时隙节能状态(主动/打盹/轻度睡眠/深度睡眠)。操作管理和维护模块反馈给 DBAM 调整每个ONU 带宽时隙分配,以满足节能效果的要求。特别是,运营商将这种节能策略模块以插件的形式部署到控制器中,便于控制策略的扩展和定制。

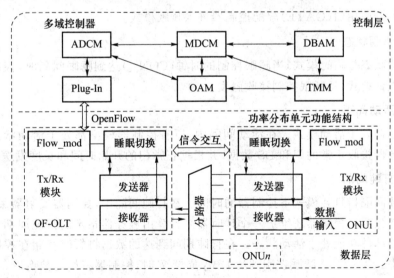

图 9-13　配电功能结构

　　数据/转发平面描述了 OLT 和 ONU 的交换过程。在 OF-OLT 中,下游(DS)业务由 Tx/Rx 模块中的接收器生成,并广播到所有连接的 ONU。对于上游(US),Tx/Rx 模块可用于接收流量并为相应的 ONU 分配具有不同粒度的带宽时隙。OpenFlow 协议代理嵌入在 OF-OLT 中,以维护信息流表,并模拟与 OLT 相关的控制信息(例如 ONU 睡眠状态),软件内容被映射为硬件(发送器和接收器内部开关设备)的控制和适配。因此,US 和 DS 链路可以虚拟化为逻辑流。同样,OpenFlow 协议代理也嵌入在 ONU 中,ONU 通过信令与 OF-OLT 交互,直接控制发送器和接收器内部开关设备。

9.4.2 多模混合动态带宽分配方案

为了最大限度地提高能源效率,应尽可能地延长控制器睡眠时间。我们设计了 4 种节能模式(主动、打盹、轻度睡眠、深度睡眠)和多周期混合自适应休眠方法,并假设两个动态带宽分配(Dynamic Bandwidth Allocation,DBA)周期($2T$)作为轮询周期。定义详述如下。

1. 睡眠阈值

睡眠阈值包括缓存阈值(Thr_{cache})和时间阈值(Thr_{time})。如果报告和队列缓存中的数据在第 1 个时间段内小于 Thr_{cache},则控制器可能进入轻度睡眠模式。如果在第二个 Thr_{time} 之后,数据缓存仍然小于 Thr_{cache},控制器可能会进入深度睡眠模式。

2. 睡眠命令

服务器使用门(GATE)分配控制器进入睡眠模式。

3. 清醒状态

清醒状态是临时模式,当睡眠控制的时钟(CON_{clk})达到睡眠间隔时,控制器自发地进入该模式,从睡眠控制接收触发。

4. 活动间隔

控制器处于活动模式。在活动间隔中,所有控制器模型都处于活动状态。它们从服务器接收正常的门和 DS 数据,并根据正常门的开始时间和长度发送数据。

5. 打盹间隔

打盹间隔指打盹模式下控制器的时间。在打盹间隔中,控制器发射器关闭,并停止发送数据。控制器还维护一个计时器来计算由服务器指定的打盹周期。保持接收器的部件功能处于活动状态。在打盹期间到达的数据将暂时存储在控制器的缓冲区中。当 CON_{clk} 睡眠控制到达 DBA 周期 T 时,控制器将始终被唤醒。

6. 轻度睡眠间隔

轻度睡眠间隔指控制器处于轻度睡眠模式的时间。停止用户界面、光接收器和发射器的所有功能。控制器无法接收或发送任何流量。与打盹状态相似。当 CON_{clk} 到达 T 时,控制器将始终被唤醒,并开始传输存储在缓冲区中的数据。

7. 深度睡眠间隔

与轻度睡眠间隔相同,控制器无法接收或发送任何流量,控制器可能会睡眠 $2T$ 的轮询周期。当 CON_{clk} 睡眠控制达到轮询周期时,控制器将始终被唤醒,并根据睡眠门的开始时间和长度传输存储在缓冲区中的数据。

域内的 MH-DBA 协议操作如图 9-14 所示。对于 US,服务器计算美国数据在下一个周期开始传输时的时间和美国带宽。然后,服务器将时间和带宽绑定在一起,构成一个 GATE,并将其放入 GATE 队列。对于 DS,MH-DBA 执行动态调度,其中服务器在计算下一周期的授权之前等待来自控制器的所有报告消息。在为控制器分配带宽之前,服务器应该检查 GATE 队列。如果有 GATE 等待发送,服务器首先为所有 GATE 分配时隙,然后计算控制器的开始时间和带宽。

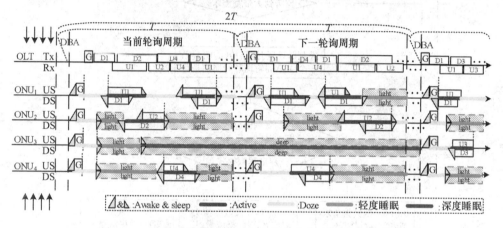

图 9-14　MH-DBA 方案操作的调度顺序

另外,由于控制器无法发送报告包,所以缩小时隙以减少服务器的带宽资源占用。服务器将数据槽持续时间分配为 US 和 DS 缓冲区积压之间的最小值。服务器首先将 GATE 发送给控制器。当控制器收到 GATE 时,发生 US 和 DS 数据传输。当数据时隙持续时间到期时,控制器进入节能模式,直到下一个 GATE 消息的预定时间。OF 服务器通过预测所有其他控制器的总传输时间来确定 GATE 的预定时间。更重要的是,为了最大限度地提高能源效率,最好的方法是尽可能地重叠 DS 和 US 传输。通过这种紧凑的大小调整策略,传输时隙的持续时间(Tx_{len})计算如下:

$$Tx_{len} = \max\{B_{ds}, B_{us}\}$$

（9-10）

其中 B_{ds}、B_{us} 表示 DS 和 US 的带宽。

当将 4 种节能模式结合到融合网络系统的操作中时,调度方案必须指定将打盹时段和轻/深睡眠时段插入现有数据传输顺序的位置以及 GATE 消息。因此,调度顺序成为挑战。

MH-DBA 方案操作流程如图 9-15 所示。如果监控大带宽请求,所有控制器模型都保持活动状态;否则根据控制器设定的 Thr_{time},判断控制器的节能状态。我们假设两个 DBA 周期作为轮询周期。如果报告和缓存中的数据在 DBA 周期时间内小于 Thr_{cache}，则控制器可能会进入打盹模式。如果超过 Thr_{time}，仍然存在很少的数据请求或较小的上行链路流量，控制器可能进入轻度睡眠模式，并且睡眠间隔为 T。否则，非活动状态超过 DBA 时段 T，控制器可能进入睡眠间隔为 $2T$ 的深度睡眠模式。当计时器达到休眠间隔时，控制器自发进入唤醒模式。状态打盹或轻度睡眠的控制器将再次判断是否保持原始模式。当定时器达到轮询周期($2T$)时，控制器根据睡眠门的开始时间和长度传输存储在缓冲器中的数据。

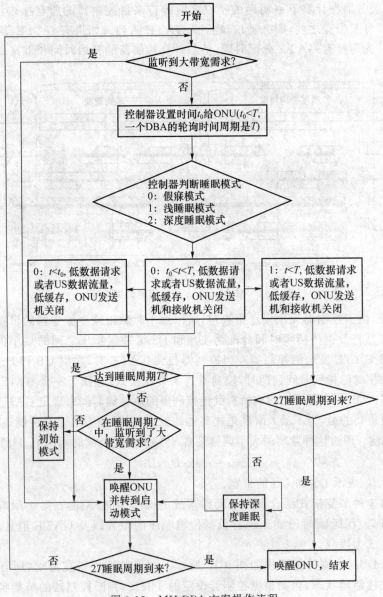

图 9-15　MH-DBA 方案操作流程

9.4.3 光与无线网络下的多模混合动态带宽分配方案

DBA 算法是节能网络的关键技术之一。我们提出的 MH-DBA 算法指采用多周期轮询来分配上行和下行方向的带宽。当电源服务触发时,控制器映射为服务请求。表 9-1 描述了 MH-DBA 流程图和一些参数的定义。我们采用 DS DBA 作为时刻。

表 9-1 MH-DBA 的流程和一些参数的定义

参数定义	TD_{max} 表示由控制器设置的允许最大延迟 TD_{ret} 表示重传延迟 $TB_{available}$ 表示美国 OLT 有效带宽 $UB_{request}$ 表示美国 ONU 需求带宽
流程	步骤 1:控制器映射为服务请求 步骤 2:对于域间,服务器收集控制器服务请求和网络状态报告并发给多域控制器。如果 $TB_{available} > UB_{request}$,则转到步骤 3,否则跳转到步骤 6 步骤 3:对于域内,服务器根据反馈中不同类型的控制器请求和报告的消息长度,提前收集所有控制器报告。通过加权和收敛,计算每个控制器的时隙长度和美国带宽,然后反馈到多域控制器
流程	步骤 4:根据当前全网节能状态,DBAM 启动 ADCM 的睡眠时隙计算单元,计算下一个时隙省电状态 步骤 5:OF 服务器功能模块接收 OF 南向接口消息,由计算出的节能状态打开/关闭服务器收发器 步骤 6:服务器和控制器通过信令交互,启动控制器睡眠状态切换模块并使其进行相应的动作 步骤 7:带宽分配。如果成功,则跳转到步骤 9,否则返回空(null) 步骤 8:启动延迟重传机制,控制器更新 TD_{max}。如果 $TD_{ret} > TD_{max}$,则服务块跳转到步骤 9,否则,跳转到步骤 2 步骤 9:服务处理结束

通常,MH-DBA 分为域间和域内两种类型,分别描述为步骤 2 和步骤 3。对于域间,每个域服务器收集控制器服务请求和控制器网络状态报告给多域控制器。根据每个域中的服务器队列缓存和预测结果,控制器在下一个 T 周期中评估流量需求。然后在占用繁忙域之前以减少空闲域服务器带宽为原则分配服务器带宽。在每个域中,服务器必须首先将下游数据存储为每个控制器的高速缓存,然后轮询每个控制器并根据高速缓存分配带宽。服务器根据反馈中不同类型的控制器请求和报告的消息长度(缓存)预先收集所有控制器报告。通过加权和收敛,计算每个控制器的时隙长度和上行带宽,然后返回域控制器。对于域内,上游或下游 DBA周期指当服务器已经轮询所有控制器一次时每个控制器的传输时隙的总和。每个

控制器的时隙都与上游的报告相关,与下游的缓存周期不同。上游和下游发送时隙的计算彼此相关联。特别地,步骤 4 利用我们在 3.4.1 小节提出的休眠策略,ADCM 的时隙计算单元计算每个控制器的时隙分布和时隙节能状态(主动/打盹/轻度睡眠/深度睡眠)。在步骤 5、6、7 中,OF 服务器功能模块接收 OF 南向接口消息,维护信息流表。由于活动期、打盹期和轻/深度睡眠期与收发机内部开关状态密切相关,因此控制器将通过信令与 OF 服务器交互,并启动控制器睡眠状态切换模块以做出相应的动作。根据数据传输的调度顺序进行带宽分配。此外,最大允许延迟 TD_{max} 直接通过控制器导出,控制器可在步骤 8 中改变。

9.4.4 网络性能验证

我们通过使用基于 C 的离散事件模拟器 OPNET 14.5 对每个域的一个服务器和 8 个控制器进行广泛的仿真,来评估所提出的 MH-DBA 的有效性。评估参数的值如表 9-2 所示。服务器和控制器之间的物理距离是在 15～20 km 之间均匀分布随机设置的。US 和 DS 信道均以 1 Gbit/s 的数据速率运行。控制器在主动模式、打盹模式、轻度睡眠模式和深度睡眠模式下的能量消耗分别等于 3.75 W、1.70 W、1.08 W 和 0.40 W。在带宽分配时,服务器基于分配的带宽和开始时间设置给定周期的长度,其可以由控制器在允许的范围内动态调整。

表 9-2　评估参数的值

参　数	值
DS 和 US 的数据速率	1 Gbit/s
数据帧大小	1 250 Byte
数据缓存区大小	4 MB
域的数量	3
每个 ONU 域数量	8
ONU 能量消耗(Pa、Pd、PLs、Pds)	3.75 W、1.70 W、1.08 W、0.40 W
OLT 和 ONU 之间的物理距离	统一分布在 15～20 km 之间

在下文中,评估中使用的性能指标是平均节能。

$$\vartheta = \frac{(P_d t_d + P_{ls} t_{ls} + P_{ds} t_{ds})}{(P_a t_a + P_d t_d + P_{ls} t_{ls} + P_{ds} t_{ds})} \tag{9-11}$$

其中 P_a、P_d、P_{ls} 和 P_{ds} 是主动、打盹、轻度睡眠和深度睡眠状态下的控制器功耗;t_a、t_d、t_{ls} 和 t_{ds} 是控制器在一个操作周期内每个状态的平均时间。

在缓存有限的情况下,系统将出现丢包现象。首先,我们考虑模拟中的数据包丢失,以便在平均节能比、平均延迟和丢包率方面评估所有算法的性能。

比较图 9-16 所示的 MH-DBA 方案和传统的 3M-DBA 方案,所呈现的结果清楚地表明 MH-DBA 在节能方面具有优越的性能。对于 3M-DBA,当达到 DBA 周期的终点时,控制器将始终被唤醒。但对于 MH-DBA,再多一个睡眠状态意味着更多的等待数据包和延长的睡眠时间,这可以大大地提高能源效率。从图 9-16(a)可以看出,当网络负载低于 50 Mbit 时,MH-DBA 的平均节能率为 0.85,而 3M-DBA 的平均节能率为 0.28。因此,在低网络负载下,与 3M-DBA 相比,MH-DBA 可以减少约 32.9% 的能量消耗。两种方案的节能在轻载交通负荷下都会出现大幅下降。更长的延迟意味着更多的等待包和更长的睡眠时间,延长的睡眠时间有助于提高控制器的能量效率。在中高流量负载下,MH-DBA 能够提供更低的延迟,从而导致控制器发送器的能耗更高。因此,较低的循环时间导致控制器较低的节能率。当网络负载超过 300 Mbit 时,控制器节能率开始趋于平稳。这是因为 MH-DBA 考虑了比 3M-DBA 更多的节能模式,并且控制器睡眠时间可以尽可能地调整以最大化能效。

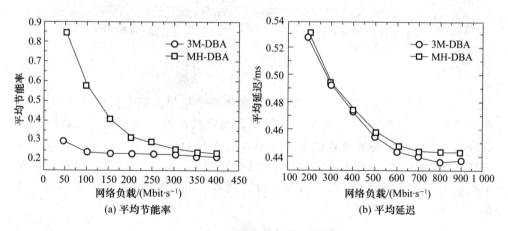

图 9-16　平均节能率与平均延迟

两种方案的美国平均等待时间如图 9-16(b)所示。在大多数情况下,由于信道中的缓存较小,3M-DBA 方案的延迟低于 MH-DBA 方案。但是,为了增加流量负载,动态睡眠轮询周期起着主要作用。这种优势有助于传输系统适应实际访问环境,其中流量大多数具有突发性。此外,带宽的有效利用还提高了最大可用信道容量。与 3M-DBA 相比,MH-DBA 通过在中负荷和重负荷条件下提供类似的延迟来显示其优越性。调整后的较短 DBA 周期可以减少对缓存的占用。信道容量未被完全占用,所有流量都可以在没有更多延迟的情况下得到服务。

图 9-17(a)显示了丢包率随着流量的增长而增加。增加流量负载的较高延迟导致大量数据包在缓冲区中等待。在大多数情况下,由于信道中的缓存较小,因此

3M-DBA 方案的丢包率低于 MH-DBA 方案。由于深度睡眠状态期间的睡眠时间较长,队列中可能存在大量数据缓存,并且总缓存容易超过 Thr_{cache},这可能导致丢包。在这种情况下,控制器会自动调整 Thr_{time},以保证服务的 QoS。

为了更直接地反映改进的节能机制优于传统机制,我们在图 9-17(b)中通过增加队列缓冲来进行所有算法的无丢包模拟,并进一步评估了平均节能率方面的性能。

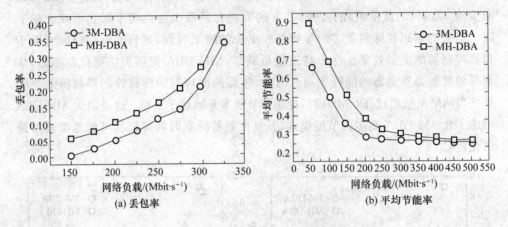

图 9-17 丢包率与平均节能率

当吞吐量趋于稳定时,我们总结出能量效率的结果。随着网络负载的增加,两种机制的节能率降低,这是因为系统触发睡眠机制的概率会随着负载的增加而降低。但是所呈现的结果仍然清楚地表明 MH-DBA 在所有情况下在节能方面具有优越的性能。在图 9-18 中,与 3M-DBA 相比,MH-DBA 通过在重载条件下提供类似的较低延迟来显示其优越性。调整后的较短 DBA 周期可以减少数据包等待时间。

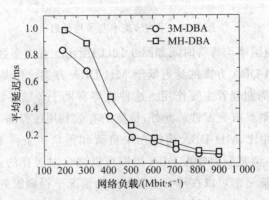

图 9-18 平均延迟

9.5　基于网络功能虚拟化的光与
无线网络多层资源优化方案

　　本方案从 5G 时代基于网络功能虚拟化的光与无线网络的角度出发,考虑了基于无线、光网络和 BBU 处理的多维资源优化问题,提出了利用 SDN 在光网络和应用层资源之间的跨层优化(Cross Stratum Optimization,CSO),以满足 QoS 要求。针对这一问题,本方案提出了一种新型的多层资源优化(Multi-Stratum Resources Optimization,MSRO)体系结构,利用软件定义的控制,对光与无线网络(Cloud-based Radio over optical Fiber Networks,C-RoFN)进行网络功能虚拟化。基于所提出的体系结构,可以对射频、光网络和 BBU 的多层资源进行整体评价和分配,从而在 C-RoFN 中首次引入全局评估策略。MSRO 可以增强对动态端到端用户需求的响应能力,并有效地优化无线频率、光网络和 BBU 资源,以最大限度地提高无线覆盖率。在基于 OpenFlow 的增强 SDN 测试平台中,实验演示了所提议架构的效率和可行性。在繁忙的交通负荷场景下,与其他配置方案不同的是,本方案对 GES 在资源占用率和路径配置延迟方面的性能也进行了定量评估。

9.5.1　软件定义的多层资源优化架构

　　C-RAN 将所有基站的计算资源都聚集到一个 BBU 池中,而分布式的无线频率信号则由 RRH 收集,并通过光传输传输到平台。RRH 执行基站的无线频率功能,而 BBU 则处理基带处理功能。前传[4]被定义为"RRH"和"BBU"的一部分,并按地理位置分布分割无线基站,以提供无线覆盖。作为一种典型的技术,EON 满足了互连要求,从而形成了与 EON 连接的增强型 C-RAN,这被称为光与无线网络(C-RoFN)。由于移动互联网用户数量呈指数增长,所以移动应用的数量急剧增加,互联网内容更加丰富,在计算中,RRH 和 BBU 之间的交互或资源调度变得更加复杂,而在传统架构中无法保证业务质量。此外,许多学者在 IP 网络和光网络方面已经对使用 OpenFlow 协议的 SDN 进行了广泛的研究,特别是在光的包/突发开关、固定和灵活网格接入、地下和主干网络等方面。具有 SDN 控制的 MSRO 体系结构可以很好地解决传统架构无法保证业务质量的问题。它将 C-RoFN 基础设施作为通过 NFV 的各种资源来虚拟化,然后这些资源可以通过 SDN 控制器在无线、光和 BBU 领域中统一地进行编排。在传统的体系结构中,业务供应方案只考虑一种资源,例如无线或 BBU。很少有方案能够在实际的架构和环境下,在全局范围内组合多个层次的资源。因此,GES 是基于所提议的架构引入的。MSRO 的内在驱动架构在软件定义 C-RoFN 中可以打破无线、光网络和 BBU 域的限制,基于 OpenFlow 的增强软件定义 C-RoFN 实现多个层集成和跨层优化,是一个可以分配和优化无线、光网络和 BBU 资源,可以进行有效控制的开放系统。

基于软件定义的 C-RoFN 中具有网络功能虚拟化的 MSRO 架构。EON 通过 BBUs 连接部署了网络和处理(如计算和存储)层资源。分布式的 RRHs 是相互连接的,并聚合成 EON,它为无线信号分配了定制的频谱。注意,C-RoFN 包含 3 个层次:无线资源、光网络频谱资源和 BBU 处理资源。优化多层资源的网络模式由两个方向进行。一个是从资源形式的角度出发的,光和计算资源是沿东西方向跨光网络和 BBU 层相互连接的,这被称为"异质-交叉层"。另一个是从负载能力角度出发的,在纵向上建立了多层的互联网络,这被称为"多层携带"。基于上述虚拟化的网络功能模式,在此架构中形成了 3 个 MSRO 应用程序:RRHs(例如协作性无线)、从 RRH 到 BBU 的业务,以及 BBUs 之间的资源调度(例如虚拟资源迁移的 BBU)。图 9-19 显示了 C-RoFN 的网络模式和应用程序场景之间的逻辑关系。每个资源层都可以用 OpenFlow 协议(OFP)定义,并可由一个无线控制器(Radio Controller,RC)、一个光控制器(Optical Controller,OC)和一个 BBU 控制器(BBU Controller,BC)控制。为了实现对 MSRO 的异构资源控制,需要通过 OFP 代理的

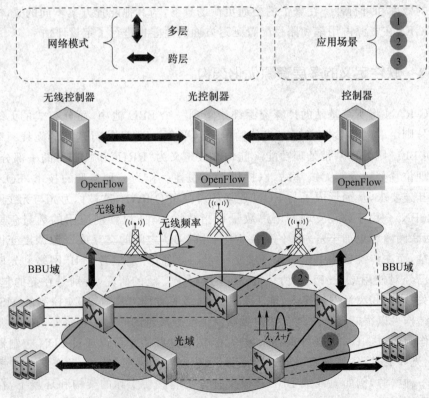

图 9-19 基于网络功能虚拟化的光与无线网络中多层资源优化架构

OpenFlow 使能 RRH,这种方式被称为"OF-RRH"。请注意,我们可以通过 OFP 代理选择不同的调制格式和无线频率。在 C-RoFN 中,MSRO 架构有 3 个重要特性。首先,MSRO 可以增强 RC 和 OC 之间的相互作用,以克服多层覆盖网络产生的相互作用的障碍,有效地实现了无线与光网络的垂直整合。其次,水平方向通过合并 OC 和 BC,可以实现光网络和 BBU 资源多层资源整合的全局跨层优化。最后,基于两个方向的资源整合,全局资源评估和分配得在 MSRO 架构下实现优化无线、光和 BBU 层资源,提高端到端 QoS。

为了实现该功能架构,需要扩展 RC、OC 和 BC 以支持 MSRO,如图 9-20 所示。嵌入在 OF-BVOS 中的 OFP 代理软件维护了光流表和模型节点信息,并将内容映射到控制物理硬件上。为了对 C-RoFN 的 MSRO 进行控制,在流表中扩展了 OFP 的流量。在这个架构中,规定了输入/输出端口、通道间距、网格、中央频率、频谱带宽、无线频率的内容,这是 C-RoFN 的主要特征。节点的操作主要包括 4 种类型:添加、切换和删除带有指定适配器功能的端口/标签的路径(例如调制格式),并删除一条恢复原始设备状态的路径。各功能模块如图 9-21 所示。

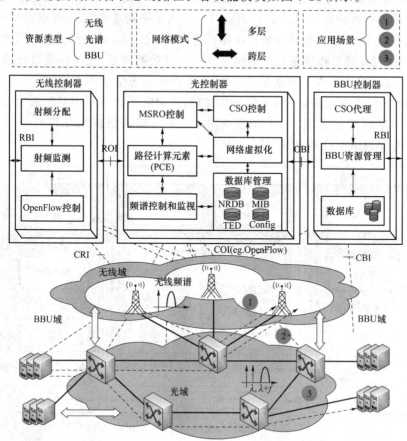

图 9-20　C-RoFN 架构和相应的网络模块

（1）无线控制器

RC 的无线频率监测模块可以获得和管理虚拟无线资源,而射频分配模块使用
OFP 为计算路径执行无线频率分配。这些信息可以通过光-无线接口在 RC 和 OC
之间进行交互。

（2）BBU 控制器

BC 定期获得 BBU 资源信息,或基于事件的触发器,通过 BBU 监控模块。为
了方便地使用光网络和 BBU 处理层资源的 CSO 进行路径计算,BC 的 CSO 代理
是通过 OBI 和 RBI 接口与 OC 和 RC 交互的通信模块,定期地或基于事件触发等
方式提供计算和存储资源。

（3）光控制器

业务请求到来时,MSRO 控制模块执行 GES,在考虑无线、光和 BBU 资源后
（将在下一节中讨论）,它可以决定哪些 BBU 节点资源迁移或容纳相应 RRH 目的
地。业务服从泊松分布。业务间隔时间 T 服从指数分布:$P(T{\leqslant}t){=}1{-}\mathrm{e}^{-\lambda t}$。这
里 λ 表示业务的平均到达率,而 $1/\lambda$ 表示业务的平均间隔时间。同样业务持续时
间 v 遵循负指数分布:$P(v{\leqslant}t){=}1{-}\mathrm{e}^{-\mu t}$。$\mu$ 表示平均业务率,$1/\mu$ 表示平均业务
时间。然后,MSRO 控制模块依次向路径计算单元(PCE)模块提供这个请求,包括
请求参数（例如延迟和带宽）,并最终返回一个成功的回复,包括供应路径的信息。
在接收来自 BC 的处理资源信息后,可以在考虑光网络和 BBU 资源的 CSO 的情况
下,在 PCE 模块中完成从 RRH 到 BBU 的端到端路径计算。当路径成功设置时,
路径的信息将被保存到 OC 的数据库中,它可以与网络虚拟化模块交互,并为
MSRO 存储虚拟网络和 BBU 源。

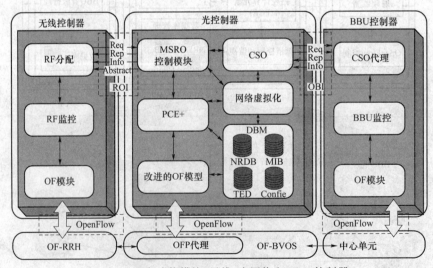

图 9-21　3 个功能模块:无线、光网络和 BBU 控制器

9.5.2 全局评估策略

在 C-RoFN 中,MSRO 应用于对无线、光网络和 BBU 处理资源的多个层次资源进行优化的场景,然而传统的资源评估方案只考虑一种资源的利用情况。在此基础上,基于此功能架构我们提出了一种实现多层资源优化跨无线、光和 BBU 层的全局评价方案,以保证 QoS 的要求。GES 包括两个阶段。在第一阶段,GES 可以根据全局评估因素在多层资源中选择最佳的目的地 BBU。第二阶段为目标提供连续频谱和无线频率分配的业务供应。这两个阶段在两个方向上对应两种资源优化。在第一阶段,目标节点选择将多个层资源水平合并优化,同时实现光网络和 BBU 资源的全局跨层优化。在第二阶段,在目标节点选择之后,执行带有无线和频谱分配的业务,这提供了多层覆盖网络的多层资源优化。这两个阶段在两个方向上对应两种资源优化。在第一阶段,我们通过对水平方向的多层资源进行融合来选择目的节点,同时实现光网络和 BBU 资源的全局跨层优化。在第二阶段,在目标节点选择之后执行带有无线和频谱分配的业务供应,实现多层覆盖网络的多层资源优化。

在面向 IP 分组网与光传输网混合组网的软件定义数据中心互联场景下,基于多 OC 协作的 MSRI 体系架构主要包括 3 层:IP 分组网资源层、光网络资源层和应用资源层(例如 CPU 和存储器)。每层资源都通过 OpenFlow 协议实现软件定义,并由 IP 网络 OpenFlow 控制器(IPOC)、光网络 OpenFlow 控制器(OOC)和应用 OpenFlow 控制器(AOC)以统一的方式进行控制。为了通过 OpenFlow 协议控制数据中心互联的异构网络,配备 OpenFlow 协议代理软件的 OpenFlow 使能 IP 路由器和光交叉节点被部署在网络中,并被分别称为 OF-Router 和 OF-OXC,且在本章参考文献[5-6]中被提出。所提出的 MSRI 架构强调 3 个控制器之间的协作,以克服源于多层资源间的交互障碍,有效地完成多层资源集成,实现全局资源联合优化。当接收到从 AOC 传递的数据中心资源状态后,IPOC 负责将此状态与维护在 IP 层的流资源情况进行联合分析,用于实现多层资源集成。而 OOC 则利用从物理网络抽象出的光层资源信息,执行相应的光路动态建立与配置,以实现光网络资源与从 AOC 获得的应用资源的跨层优化[7]。

在软件定义 C-RoFN 下的 MSRO 架构可以表示为 $G(V, V', L, L', F, F', A)$。其中 $V = \{v_1, v_2, \cdots, v_n\}$ 表示 OpenFlow 使能的电交换节点集合,而 $V' = \{v'_1, v'_2, \cdots, v'_n\}$ 代表 OpenFlow 使能的光交叉节点集合。$L = \{l_1, l_2, \cdots, l_n\}$ 和 $L' = \{l'_1, l'_2, \cdots, l'_n\}$ 则分别表示 V 和 V' 节点之间的双向光纤和电缆链路集合。$F = \{S_1, S_2, \cdots, S_F\}$ 和 $F' = \{S'_1, S'_2, \cdots, S'_F\}$ 分别是光波长和无线信号在每个光纤链路中的集合。此外,V 和 V' 代表网络节点,L 和 L' 表示链路,F 和 F' 分别表示波长和无线频率,A 表示 BBU 节点数量。在每个 BBU 服务器里都有两个时变参数,一个

是内存利用率 U_m^t,用以衡量内存的使用,另一个是 CPU 使用率 U_c^t。此外,光纤网络中的参数由每个候选路径的跳跃时间 H_p 组成,每个链路占用网络带宽的比重为 W_l,与相应链路的流量负载相关。无线参数包含当前无线信号的速率 B_r 和无线频率 F_r。BBU 可以提供所需的计算和存储资源,以提高在前传地区的 QoS 体验。因此,业务请求需要包含 BBU 的源节点,并通过所需的网络和 BBU 应用程序资源来预留业务。对于来自源节点 s 的每个请求,都可以被转换成所需的网络和处理资源。注意,为了简化处理,这些资源包括所需的网络带宽 b 与 CPU 和存储处理资源。我们上面描述的第 i 个业务请求表示为 $SR_i(s,b,U_c^t,U_m^t)$。此外,根据业务请求和资源状况,可以根据该方案选择适当的 BBU 服务器作为目标节点。

(1) 第一阶段:基于全局评估因子的目标选择

基于光控制器的 MSRO 功能架构,我们提出了 GES。GES 在第一阶段会选择 BBU 服务目标节点,并评估该节点对资源调节处理的网络状态。在新的业务请求到来前,需要包括一些业务参数,例如 $SR_i(s,b,U_c^t,U_m^t)$。GES 可以根据从 BBU 收集的由 RC 和 OC 提供的无线和光处理状态来选择合适的 BBU。由于来自不同层的许多参数都属于不同的维度,所以很难进行评估。为了衡量业务供应选择的合理性,我们定义 α 作为考虑所有多层参数的全局评估因子。对于无线、光网络和 BBU 的占用,有几个参数影响着系统的性能。由于 BBU 层有许多衡量 BBU 性能的因素(如 CPU 利用率、内存利用率、处理策略等),我们用 CPU 利用率 U_c^t 和内存利用率 U_m^t 来简化表示现在 BBU 的资源利用情况,这两个参数可以容易地从开放的接口获得。而光网络则用现在链路的工程负载比重和候选路径的跳跃时间 H_p 进行衡量。工程负载比重是指链路和全光网络的占用带宽,越低的工程负载比重意味着网络有着越大的容量来处理新的业务。由于我们假定了光网络每条链路的带宽都是一样的,这就可以很方便地处理光节点的网络。也就是说如果工程负载比重是一样的,那每条链路的占用带宽就是一样的。定义工程负载比重的目的就是用它来衡量光网络的流量负载平衡,为了解决这个事情,应该选择有较小工程负载比重的空闲链路来增强负载平衡的分数。至于无线其衡量参数包括当前信号的符号率 B_r 以及无线频率 F_r。因此,由当前每个服务器的 BBU 层参数表示的 BBU 的整体方程 f_{ac} 是无量纲的方程,即式(9-12),其中 φ 为存储和 CPU 使用率之间的可调比例,这些参数被归一化以满足它们之间的线性关系。在 BBU 函数中,由于维度不同,很难对 CPU 和存储的利用率进行评估,为了测量 BBU 选择处理的合理性,可调整比例权重 φ 来调整其比例。

$$f_{ac}(U_m', U_c', \varphi) = \varphi U_m' + (1-\varphi)U_c' \tag{9-12}$$

$$f_{bc}(H_p, W_l) = \sum_{l=1}^{H_p} W_l \tag{9-13}$$

$$f_{cc}(B_r, F_r) = B_r^2 / F_r \tag{9-14}$$

而由当前光网络节点参数表示的光网络无量纲方程 f_{bc} 为式(9-13),无线的方程

f_α 为式(9-14)。无线方程使用成本比重来衡量无线链路的承载能力。在式(9-14)中,B_r 表示当前信号的符率,F_r 表示无线频率。B_r 的值越大代表其无线业务链路有着越大的承载能力,越高的 F_r 则意味着其无线业务链路的承载能力越小。k 个候选 BBU 服务器节点至少具有第 k 个处理函数,并将节点表示为集合。

$a_1,a_2,\cdots,a_k$ 表示至少有 k 个候选 BBU 服务器节点的处理函数标记为 $F_a=\{f_{a1},f_{a2},\cdots,f_{ak}\}$。然后,在光网源和每个候选 BBU 服务器之间的候选光路可以用最小的光网络方程来计算,并表示为 $F_a=\{f_{a1},f_{a2},\cdots,f_{ak}\}$。类似地,$b_1,b_2,\cdots,b_k$ 意味着在光网络源和每个候选 BBU 服务器之间的候选光路可以用最小的光网络方程来计算。资源与光网络节点之间的候选无线频率表示为 $F_c=\{f_{c1},f_{c2},\cdots,f_{ck}\}$,它与候选路径 k 有关。因此,全局评估因子 α 可以用式(9-15)表示,β 和 γ 为在 BBU、光和无线参数中可调节的权重。集合 F_a、F_b、F_c 的最大值作为分母,可以确保方程的每个值都在 0~1 之间。请注意,在当前的光网络中,可以获得流量工程比重、占用带宽的速率和总网络带宽。而作为预设的比例,β 和 γ 则是 BBU、光和无线参数的可调权重。可以提前设置它们的值来描述这些参数的重要性。它们在方程的计算中是恒定的,因为它们已经在计算之前被设定了。

$$\alpha=\frac{f_{ac}(U^t_m,U^t_c,\varphi)}{\max\{f_{a1},f_{a2},\cdots,f_{ak}\}}\beta+\frac{f_{bc}(W_l,H_p)}{\max\{f_{b1},f_{b2},\cdots,f_{bk}\}}\gamma+\frac{f_{cc}(B_r,F_r)}{\max\{f_{c1},f_{c2},\cdots,f_{ck}\}}$$

$$(9-15)$$

在第一阶段,根据 BBU 资源利用情况,GES 首先在 BBU 层最好的 k 个候选 BBU 节点中选择最好的节点,用作无线信号和连续频谱路径。然后在无线和光层中,从 k 个候选项中选择全局评估因子 α 最小的为最佳目标节点。

(2) 第二阶段:无线和光谱分配

在目标选择之后,GES 的第二阶段是使用无线和频谱分配进行业务提供。我们假设 BBU 节点包含计算和存储资源,而 BBU 池可以被看作一个数据中心。同时,通过网络功能虚拟化,使网络功能作为通用硬件上的软件运行,这样可以整合到行业标准元素中,例如开关、计算和存储。

在无线和光谱分配阶段,我们考虑了三维资源,包含无线频率、频谱和链路。下面通过示例来说明所提的资源分配方法,图 9-22(a)为简单的 6 节点网络拓扑,图 9-22(b)为业务请求,图 9-22(c)显示了无线和频谱分配过程。在每个光纤链路上可用的无线频率被划分为 9 个无线频率槽(Frequency Slots,FS),FS 的标号顺序从 1 到 9。为简单起见,在频谱维度方面我们只考虑光谱编号为 1 和 2 的光谱资源。在拓扑中,我们假设业务请求以不同的颜色显示。在初始状态中,因为所有的资源都未被占用,所以首先要求 SR_1、SR_2 和 SR_3 分别选择路线 l_{ab}、l_{be} 和 l_{af}、i_{fe}、l_{de} 和 l_{ab}、l_{bc}、l_{ce} 作为路径,并在每条路径上预留所需的 FS 资源(例如 3、6、5)。当 SR_4 到达节点 A 时,它首先选择了 l_{ab}、l_{bc}、l_{cd} 的路线并使用频谱 1,这会导致阻塞,因为在这条路径上不能有 4 个连续的 FS。然后 SR_4 选择频谱 2 作为调制的光谱,前 4 个 FS 将被用于分配。在选择 BBU 后,在源节点和目标节点之间的 OpenFlow 协议将通过分配频谱和调制无线频率来建立路径。

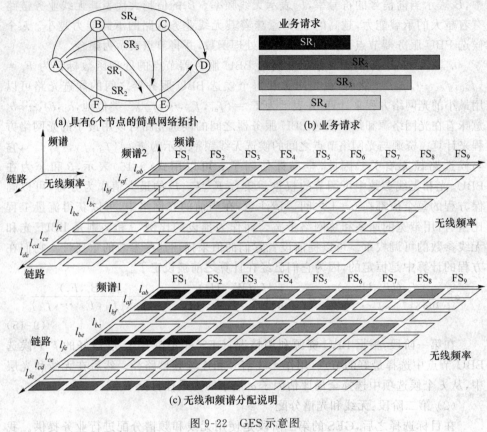

(a) 具有6个节点的简单网络拓扑

(b) 业务请求

(c) 无线和频谱分配说明

图 9-22 GES 示意图

9.5.3 网络性能验证

为了评估所提议架构的有效性,我们在试验平台建立了软件定义 C-RoFN 的 EON。在数据层中,使用了两个模拟的 RoF 强度调节器和检测模块,用以在 40 GHz 频率工作的微波源驱动下产生双边带。在 EON 中,4 个启用了 OpenFlow 协议的弹性 ROADM 节点安装了 Finisar BV-WSSs。我们使用 vSwitch 作为代理的软件,根据 API 来控制硬件,并在控制器和无线与光节点之间进行交互。此外,OFP 代理用于模拟数据层中的其他节点,以支持 OFP 中的 MSRO。BBU 池和 OFP 代理是在 IBM X3650 服务器上运行的 VMware ESXi v5.1创建的许多虚拟机上实现的。虚拟操作系统技术使得建立大型扩展的实验拓扑结构变得更加容易。对于基于 OpenFlow 的 MSRO 控制平面,OC 服务器被分配来支持所提议的架构,并通过 3 个虚拟机来部署插入 MSRO 控制、网络虚拟化和 PCE 策略,其中 RC 服务器用作无线频率资源监视器和频谱分配。BC 服务器被部署为 CSO 代理,以监视 BBUs

的计算资源。每个控制器服务器控制相应的资源,而数据库服务器负责维护交通工程数据库、连接状态和数据库的配置。我们部署了与控制器相关的业务信息生成器,它用于实验的批量 C-RoFN 服务。

基于实验平台,我们设计并验证了在实验中使用的基于 C-RoFN 的 MSRO。实验结果如图 9-23 至图 9-25 所示。图 9-23 是通过在 OC 中部署 Wireshark 捕获 OFP 和 RC 的信号过程。在这里,我们对 C-RoFN 的新消息类型进行定义,以支持未来研究中的新功能。10.108.67.21、10.108.50.74 和 10.108.49.14 分别表示 RC、OC 和 BC 的 IP 地址,而 10.108.49.23 和 10.108.49.24 则分别代表了相关的 OF-BVOSs 的 IP 地址。通过定期查询关于当前 OF-BVOSs 状态的特性请求消息来监测。OC 通过特性回复获得来自 OF-BVOSs 的信息。当业务请求到达时,RC 通过 UDP 消息发送对 MSRO 的请求,在那里我们使用 UDP 消息来简化过程,并减少控制器的性能压力。在收到来自互操作的资源信息后,OC 执行 GES 来计算考虑无线、光网络和 BBU 资源的多层优化的路径,然后为业务供应保留最佳的无线频率、频谱和处理资源。在完成了 GES 之后,OC 和 RC 提供了光谱路径,并分配了无线频率,通过流 mod 消息来控制相应的节点。通过数据包接收安装成功回复,RC 响应 MSRO 成功回复到 BC,并更新计算使用以保持同步。

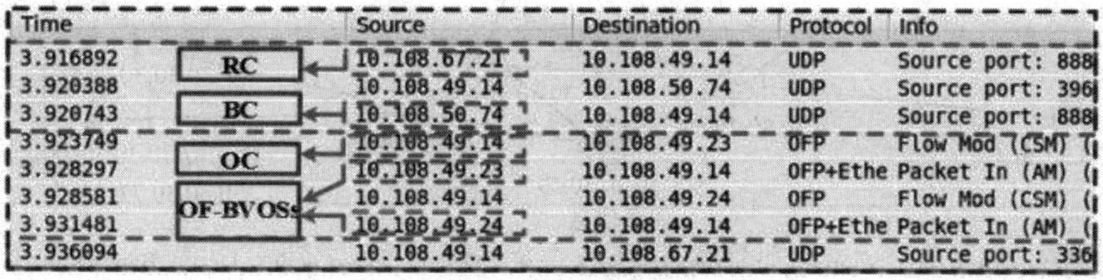

(a) Wireshark在OC中捕获MSRO消息序列

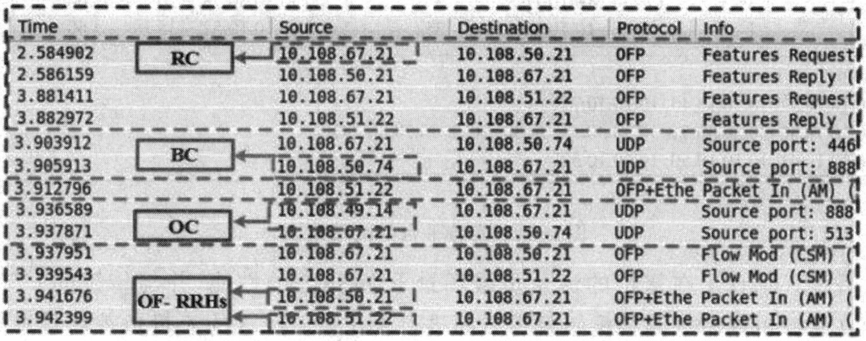

(b) Wireshark在RC中捕获MSRO消息序列

图 9-23　Wireshark 在 OC 和 RC 中捕获 MSRO 消息序列

在已建立的平台中,我们考虑了实际的应用程序场景和复杂性实验设置,并建立了生成简单业务需求的业务生成器。图 9-24 显示了试验平台的前端接口部分,其可根据无线、频谱和 BBU 资源的调节情况来演示业务供应，这就实现了资源的可视化。如图 9-24 所示，在 MSRO 架构中可以同时提供两个从 RRH 到 BBU 的业务请求。我们看到这两个业务在不同的路径上都是可接受的，可以在其中显示接口的虚拟拓扑。可以清楚地看到图 9-24 的底部显示了 BBU 服务器的当前网络带宽和处理资源状态，以及相应的业务路径的路由信息，包括详细的路径、业务带宽和相关的业务。模拟 C-RoFN 的光路光谱显示在过滤器上，如图 9-25（a）所示。图 9-25（a）右下角的数字表示简化的主要特征。MSRO 中的无线信号可以在光谱通道进行调制。

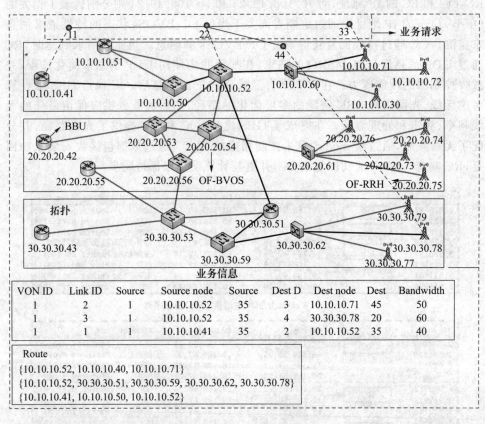

VON ID	Link ID	Source	Source node	Source	Dest D	Dest node	Dest	Bandwidth
1	2	1	10.10.10.52	35	3	10.10.10.71	45	50
1	3	1	10.10.10.52	35	4	30.30.30.78	20	60
1	1	1	10.10.10.41	35	2	10.10.10.52	35	40

Route
{10.10.10.52, 10.10.10.40, 10.10.10.71}
{10.10.10.52, 30.30.30.51, 30.30.30.59, 30.30.30.62, 30.30.30.78}
{10.10.10.41, 10.10.10.50, 10.10.10.52}

图 9-24　实验平台的前端绘图

我们还估计了在繁忙的流量负载场景下 MSRO 的性能，并与传统的 CSO 方案[8]在资源占用率和路径配置延迟方面进行了比较。严重的流量负载场景意味着网络中存在批处理的业务，此时负载值可从 40 Erlang 到 150 Erlang。传统的 CSO 方案只考虑光网络层和应用层资源的跨层优化。本部分研究采用首次命中方式进行频谱分配。请求的带宽随机分布在 500 MHz～40 GHz。弹性光网络中的频谱槽为 6.25 GHz。我们假设在 BBU 中每个业务请求的 CPU 利用率是 0.1%～1%间的随机数，每个业务都需要服务器的存储资源是从 1～10 GB 的一个随机数。业务到达网络的时间服从泊松分布,且每次运行的业务请求数为 10 万个,每个业务需求的持续时间和到达间隔时间都遵循负指数分布。为了计算式(9-12)至式(9-15),需要预先设定几个权重。φ 是预设的 CPU 和存储比重,以度量它们的重要性。β 和 γ 是预设的 BBU、光网络和无线参数的权重。对于所提的 GES,我们预先设定了可调节比重 φ、β 和 γ 分别为 50%、33% 和 33%,以避免模拟环境下实验过于复杂。该方案中的时变参数将在未来进行研究。根据 CPU 利用率 U_c^t 和内存利用率 U_m^t,首先 GES 选择 BBU 层中最好的 k 候选 BBU 节点来计算式(9-12)。在无线层和光层中,候选节点中无线和光网络利用率用式(9-13)与式(9-14)来计算,而全局评估因子 α 可以用式(9-15)来计算。然后根据无线、光和 BBU 利用情况从 k 个候选节点中选择具有 α 最小值的节点作为业务的目标节点。在节点选择后,可以用第一调整策略为源和目的地之间的供应路径的无线频率和频谱进行分配。

图 9-25(b)、图 9-25(c)比较了两个方案在资源占用率和路径供应延迟方面的表现。资源占用率反映了被占用资源占整个无线、光网络和 BBU 资源的百分比。如图 9-25(b)所示,相较于其他方案,GES 可以有效地提高资源占用率,特别是当网络负载很重的时候。原因是 GES 可以在全局范围内优化无线、光和 BBU 层资源,以最大限度地提高无线覆盖率。图 9-25(c)显示,与其他方案相比,GES 减少了路径供应延迟,这是因为在业务到达之前,GES 选择了目的地 BBU,这就导致了计算和路径提供时间的降低。

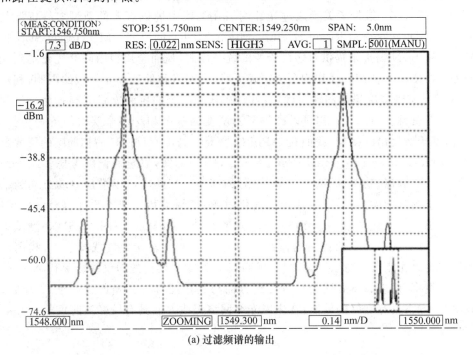

(a) 过滤频谱的输出

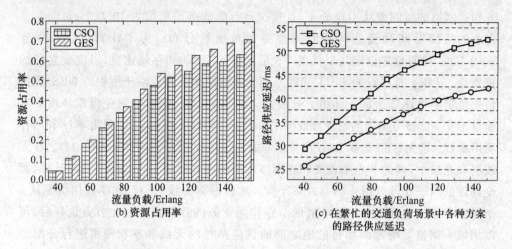

图 9-25　过滤频谱的输出、资源占用率和在繁忙的交通负荷场景中各种方案的路径供应延迟

9.6　面向业务提供的光与无线网络多维资源聚合方法

我们提出了在光网络和应用层资源之间使用 SDN 的跨层优化，来满足在传输网络范围内的 QoS 要求[9-11]。在此基础上，在本方案中我们在新的接入网络场景（即 C-RoFN）中，报告了关于通过光纤网络在无线中提供服务的新型多维资源集成（Multi-Dimensional Resources Integration，MDRI）的研究。MDRI 通过 SDN 控制器调整 SDN 编排来提供对多维资源的统一控制，从而全局视图联合优化端到端服务。C-RoFN 中 MDRI 架构可以突破无线、光网络和处理单元领域的限制，利用 SDN 编排实现多层集成和跨层优化，可以在开放系统的控制方式下有效地分配和优化多维资源。MDRI 架构可以提供资源调度的基础和跨多个层次的统一拓扑。另外，基于所提出的架构，我们在 C-RoFN 场景中引入了 MDRI 的辅助图的资源集成供应（Resources Integrated Provisioning，RIP）方案，以全局调度考虑多维资源（例如射频、频谱、功率、距离和计算单元）的路由。MDRI 可以增强对动态端到端用户需求的响应能力，并有效地全局优化射频、光网络和处理资源，以最大化无线覆盖范围。我们在基于 OpenFlow 的增强型 SDN（enhanced SDN，eSDN）测试平台上，通过实验验证了所提出的体系结构的可行性[12]。在重负载场景下，我们对 RIP 方案的性能也进行了定量评估，证明基于 MDRI 架构的提议在资源利用率、路径阻塞概率、网络成本和路径配置延迟方面与其他配置方案相比效率较高。结果表明，该方案具有良好的性能，在未来光纤网络无线方面具有较好的前景。

9.6.1　软件定义的多维资源聚合架构

在 C-RoFN 中多维资源集成（Multi-Dimensional Resource Integration，MDRI）架构参考了 SDN 的思想，MDRI 可以实现基于 OpenFlow 的 C-RoFN 与 SDN 编排的多层集成和跨层优化，以开放系统的控制方式，有效地分配和优化无线、光网络和处理相互交织的资源。用于 C-RoFN 的 MDRI 架构如图 9-19 所示。EON 用于互连处理单元（Processing Units，PU），部署网络和处理（如虚拟机、计算或存储）层资源。分布式天线互连并融合到 EON 中，EON 为无线信号分配更精细粒度的定制频谱。需要注意的是，C-RoFN 中的多维资源分为 3 个层次，包括无线资源层、光谱资源层和处理资源层。每个资源层都是用 OpenFlow 协议（OpenFlow Protocol，OFP）定义的软件，并且分别以统一的方式由无线控制器（Radio Controller，RC）、光控制器（Optical Controller，OC）和 PU 控制器（PU Controller，PC）控制。为了使用 OFP 控制用于 MDRI 的异构网络，需要支持 OpenFlow 的天线和带有 OFP 代理软件的带宽可变光开关，它们分别称为 OF-antenna 和 OF-BVOS[13]。在软件定义的 C-RoFN 中 MDRI 架构的动机是双重的。首先，MDRI 可以加强 RC 和 OC 之间的合作，以克服多层覆盖网络产生的互通障碍，并有效实现垂直整合。其次，为了提供端到端的 QoS，可以通过控制器与水平融合的交互来合并多个层资源，同时实现光网络和处理资源的全局跨层优化。

为了获得上述功能架构，必须扩展无线、光网络和 PU 控制器，以支持 MDRI，如图 9-21 所示。需要注意的是，嵌入在 OF-BVOS 中的 OFP 代理软件维护光流表，将节点信息建模为软件，并映射内容来控制物理硬件[14]。在 OC 中，网络虚拟化模块负责虚拟化所需的光网络资源，并通过增强的 OpenFlow 模块交互信息来感知 EON。同时，RC 中的射频监测模块获取并管理天线中的虚拟无线资源，PC 通过 PU 监控模块周期性地或基于事件的触发获得 PU 资源信息。当服务请求到达时，MDRI 控制模块可以使用辅助图执行 RIP 方案，通过无线光接口（Radio-Optical Interface，ROI）在 RC 和 OC 之间交换信息。在完成上述步骤后，MDRI 控制模块可以决定选择哪些节点和相应的链路作为服务调节的路径。然后，它依次向路径计算单元（Path Computation Element，PCE）模块提供该请求，包括请求参数（例如等待时间和带宽），并最终返回提供的路径信息的成功答复。这里 PCE 能够基于网络图计算网络路径或路由，并且能够应用计算约束[15-16]。为了方便地利用光网络的 CSO 和 PU 处理层资源进行路径计算，OC 可以通过光网络 PU 接口（Optical-PU Interface，OPI）与 PC 进行交互。在从 PC 接收到处理资源信息之后，我们可以在 PCE 模块中完成考虑光网络 CSO 和 PU 资源的端到端路径计算。

请注意,在 PCE 模块中的各种策略都可以作为插件替代。增强型 OpenFlow 模块和 RF 分配模块为计算出的路径执行连续频谱和射频分配,并使用 OFP 提供路径。当路径设置成功时,路径的信息被保存到 OC 中的数据库管理(Data Base Management,DBM)中,其可以与网络虚拟化模块交互并为 MDRI 存储虚拟网络和 PU 资源。一旦服务请求到达,PC 中的 CSO 代理就定期提供计算资源利用率。

9.6.2　基于辅助图的资源集成提供方案

在所提出的多层体系结构中,应该通过使用多维资源来提供服务,以适应低延迟和高带宽。传统上,无线路径计算在无线中执行,而光网络控制器负责计算频谱路径和频谱分配。如果沿着一条路径分开维护那些维度资源,即路径计算被分成几部分,则很难获得关于资源利用或传播延迟的全局最优结果,如果极端地只考虑局部优化,就无法达到服务要求[17]。从用户的角度来看,无线路径(Radio Path, RP)计算和射频分配应尽可能多地重用无线频谱,而不引起相邻天线之间的干扰。在光传输层中,在光网络层约束下频谱路径(Spectral Path,SP)应该使用较少的频谱资源来携带更多的无线信号,例如频谱连续性和邻接性。在繁重的流量负载情况下,EON 可以通过亚波长级或超波长级 SP 来提供高可用性,以及经济高效和高能效的连接。如果用户设备被放置在小区的边缘上,即位于与两个相邻天线相同的距离和信道环境中,则两个基站都可以为用户服务,但是选择哪个节点用于向设备提供信号和考虑哪个层都是难以解决的问题。因此,我们研究了一种新颖的资源集成供应(RIP)方案,该方案对于所提出的架构来说是必不可少的,它可以支持使用具有无线层和光网络层资源的混合路径的服务调节。这种可以通过无线层和光网络层使用射频和 EON 资源的路径称为混合路径(Mixed Path,MP),它可以实现更有效的服务供应,即利用更少的资源来增强用户的 QoS 和网络性能[18]。

图 9-26 为具有简单网络拓扑的 C-RoFN 中的 RIP 方案的例子,该方案包含 3 个天线、5 个光开关和一个 PU。在这种情况下,在两个天线节点 AR 和 BR 之间的用户设备可以访问它们中的任何一个以进行服务,为简单起见,这两个例子都不考虑 CoMP 技术。从源节点 UE 到目的地 PU AP 的路径用于容纳服务,并且在来自天线节点 BR 的光纤上承载无线信号。网络中的最短路由我们选择路径 UE-BR-BO-EO-AP,这意味着光节点 BO 和 EO 分别是相关 SP 的源和目的地,如图 9-26(a) 所示。由此可见,光链路 l_{BE} 的频谱利用率非常高,并且当网络负载严重时由于资源耗尽,来自链路 l_{BE} 的其他请求将被阻止,从而降低了无线覆盖范围和网络性能。在这种情况下,我们假设天线当前不支持切换。所提出的方案不仅需要考虑选择

路线的跳数,还要计算边缘权重的和。实际上,辅助图的每个边都有自己的权重,可以根据式(9-12)至式(9-15)计算。路径选择的原则是选择相应链路中具有最小权重之和的路径,这是通过考虑边缘权重的 Dijkstra 算法导出的。选择 UE-AR-AO-DO-EO-AP 路由是因为它具有与其他路径相比的最小权重总和〔我们给出图 9-26(b)中的示例〕,为了解决这个问题,RIP 方案使用具有无线和频谱资源的 UE-AR-AO-DO-EO-AP 的 MP 来支持该服务,如图 9-26(b)所示。我们可以找到与 BR 相同距离的新天线节点 AR 来接入 UE,以进行业务前传,而在光网络层中具有较低频谱资源使用率的相应光链路 l_{AD} 可以有效地在新 SP 上提供无线。注意,一旦为用户服务,所访问的天线就不会被改变,新的 MP 可以在所提出的方案中有效地提高网络资源利用率并降低阻塞率。

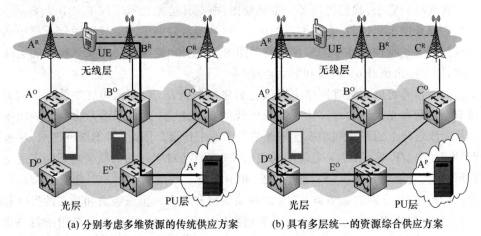

(a) 分别考虑多维资源的传统供应方案　(b) 具有多层统一的资源综合供应方案

图 9-26　不同方案的示意图

我们将基于 MDRI 的软件定义 C-RoFN 表示为加权图 $G(V, V', L, L', F, F', A)$。其中 $V = \{v_1, v_2, \cdots, v_n\}$ 和 $V' = \{v'_1, v'_2, \cdots, v'_n\}$ 分别表示一组支持 OpenFlow 的光交换和天线节点。另外,$L = \{l_1, l_2, \cdots, l_n\}$ 和 $L' = \{l'_1, l'_2, \cdots, l'_n\}$ 分别表示 V 和 V' 中节点之间的双向光纤链路的集合。$F = \{s_1, s_2, \cdots, s_F\}$ 和 $F' = \{s'_1, s'_2, \cdots, s'_F\}$ 分别是光纤链路上的光谱和射频的集合。A 表示 PU 节点集;V、V' 表示光网络和天线节点;L、L' 为链路;F、F' 为频谱和无线时隙;A' 表示 PU 节点数量。对于从源节点 s 到目的节点 d 的每个服务请求,可以将其转换为所需的网络和处理资源。注意,为简单起见,这些资源包含网络模型分析中所需的网络带宽 b 和处理资源。我们将上述第 i 个服务请求表示为 $\mathrm{SR}_i(s, d, b, \mathrm{ar})$,而 SR_{i+1} 将按时间顺序排在服务需求 SR_i 之后。根据资源的请求和状态,可以提供合适的 MP 作为基于该方案的路径供应。此外,表 9-3 列出了研究中使用的一些必要符号及其定义。

表 9-3　符号和定义

符　号	定　义
s	服务请求的源节点
d	服务请求的目的节点
b	服务请求的带宽
B	保护频带消耗的子载波数量
l_{ij}	节点 i 和 j 之间的光链路
MP_{ij}	节点 i 到 j 的混合路径
SP_{ij}	节点 i 到 j 的光谱路径
RP_{ij}	节点 i 和 j 之间的无线路径

在这项研究中,我们提出了一个辅助图,根据其边缘权重实现了 RIP 方案。每次新的服务请求到达时,系统构建如图 9-27(a)所示的辅助图。辅助图每个层中的节点都对应于物理拓扑中的节点。辅助图由无线层和光网络层以及 3 种无向边缘组成,即无线边缘、RoF 边缘和频谱边缘。

如果信号可以在物理网络中提供它们之间的链路,则在无线层中的 UE 和天线节点之间存在无线边缘。为了测量天线的容纳能力,我们考虑无线频率利用率以及无线链路上的距离和功率比来评估天线的工作量。因此,对于服务请求,在最近时间 t_0 中 UE 节点 i 和 j 之间的无线边缘权重 W_{ij}^R 对于评估天线平均近期占用是有用的,其表示为式(9-16)。这里,RF_{ij} 和 RF_0 表示链路上占用的射频时隙和总资源,而 D_{ij} 和 P_{ij} 分别表示节点 i 和 j 之间的距离和功率。由于距离和功率的尺寸各不相同,我们使用参数 q 将它们统一为相同的标准。此外,可调参数 k 用于归一化无线边缘权重。

$$W_{ij}^R[t \mid t=t_0] = k\,RF_{ij}/RF_0 + q\,D_{ij}/P_{ij}, t \in [t_c - t_0, t_c] \tag{9-16}$$

无线层的天线节点与光网络层中的相应节点之间的 RoF 边缘表示从射频到调制光谱的转换。注意,为简单起见,我们使用具有双边带的简单幅度调制来将无线信号调制到光谱。因此,其边缘权重 WT_{ij} 用于评估调制成本,表示为式(9-17)。无线参数包含符号率 B_{ij} 和当前无线信号的射频 F_{ij},α 表示归一化参数。

$$W_{ij}^T = \alpha B_{ij}/F_{ij} \tag{9-17}$$

光网络层可用于表示频谱资源,它可以由可携带无线信号的新光路使用。与 WDM 网络不同,为了在 EON 中成功地服务新请求,通过新 SP 的每个光纤中至少有 $b+B$ 个连续可用子载波,其中 b 表示新请求的带宽,B 代表保护带宽。此外,考虑频谱连续性约束,新 SP 的频谱必须在通过路径的所有光纤中是连续的。从光链路的角度来看,为了满足所有服务带宽需求,在链路 l_{ij} 上使用 s_{th} 子载波的可能频谱分配状态的数量被描述为 m_s,而每个可能提供状态的连接带宽被表示为 b_k。因此,l_{ij} 上的 s_{th} 子载波的所有可能分配状态的平均带宽 b_{ij}^s 使用式(9-18)表示,其中

b_{ij}^s 的值表示第二子载波与相邻可用频谱的连续度。

$$b_{ij}^s = \sum_{k=1}^{m_s} b_k / m_s \tag{9-18}$$

另外，l_{ij} 上的相邻子载波占用状态变化的数量定义为 v_{ij}，它用来估计一个链路上的频谱碎片程度，更高程度的碎片化意味着在链路上搜索连续频谱更加困难。为了评估频谱利用率，连续和分段的频谱程度的频谱边缘权重 W_{ij}^O 用式（9-19）表示，其中可调参数 μ 对频谱边缘权重进行归一化。

$$W_{ij}^O = \mu \cdot v_{ij} \cdot \sum_{s=1}^{F} \sum_{k=1}^{m_s} m_s / k_s \tag{9-19}$$

图 9-28 描述了使用辅助图的 C-RoFN 中 MDRI 的 RIP 方案的伪代码。当新的服务需求到达时，请求 $SR_i(s,d,b,ar)$ 到达网络并根据最近时间 t_0 建立相应的辅助图。注意，根据式（9-19）计算边缘权重来反映 C-RoFN 的资源利用率。基于辅助图，在多层网络从源节点到目的节点的计算中，使用考虑边缘权重的 Dijkstra 算法以选择相应链路中具有最小权重之和的路径。实际上，RIP 方案的拓扑包含多个层网络（即无线层、光网络层和 PU 层），并在相关控制器中定期收集和更新相应层中的拓扑信息。在 OC 中，网络虚拟化模块使节点和链路信息互通以感知 EON，并通过合并信息来更新光网络拓扑。另外，RC 中的射频监测模块获取并管理天线中的虚拟无线资源，同时 PC 通过 PU 监控模块周期性地或通过基于事件的触发来获得 PU 资源信息。通过 ROI 和 OPI，MDRI 控制模块分别接收从 RC 和 PC 提供的抽象无线和 PU 信息，然后计算和接缝 RIP 方案的辅助图形拓扑。注意，我们使用 PCE 通信协议（PCEP）的私有协议作为参考，其基于 UDP 消息命名为无线光网络和光网络 PU 接口扩展 RIP 方案的拓扑信息传递和路由。如果所选择的路径是 MP（即通过无线和光路），则它确定哪个光节点应该是边缘光节点，以调制无线信号，以及确定是否以及如何设置新的光路。

我们可以根据所选择的频谱边缘（包括相应的权重）建立新的光路，并让新光路通过具有频谱连续性约束的光纤链路。具有 CoMP 的路由方案也可以在辅助图中执行，由于空间限制我们将在另一个研究中对其进行分析。图 9-27（b）所示为从节点 UE 到节点 AP 的新服务请求的示例辅助图，图中标出了无线边缘、RoF 边缘和频谱边缘的权重。当有来自节点 UE 的请求时，使用辅助图的示例性服务 MP 由 Dijkstra 算法从 UE 到节点 AP 导出，该 MP 具有最小的相应边缘权重和（即 $1+2+2+1+1=7$）。该 MP 指定新请求可以由无线层中从 UE 到 AR 的无线承载，然后使用从节点 AO 到 EO 的新 SP 来容纳，该 SP 是与 EON 中的频谱资源一起建立的。注意，MP 使用在设置新光路时的附加调制 RoF 边缘化 AR-AO 上。随着网络规模的发展，图形上的存储空间和 Dijkstra 的计算时间将增加，这会影响操作性能。

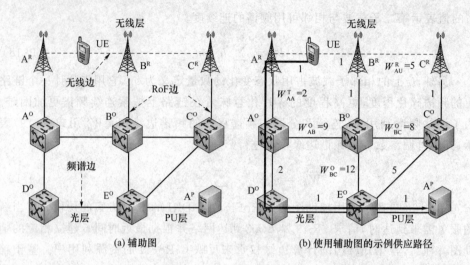

图 9-27　RIP 方案的辅助图示

算法:资源集成供应方案
输入: $\boldsymbol{G}(V, V', L, L', F, F', A)$, $\mathrm{SR}_i(s, d, b, \mathrm{ar})$
输出: MP 提供
1:基于式(9-16)~式(9-19)在 t_0 时相应的边,构造辅助图并计算权重 W_{ij}^{R}、W_{ij}^{T}、W_{ij}^{O}
2:将 Dijkstra 算法从节点 s 运行到 d,并使用相应边权重的最小和
3:若未发现路径
4:阻塞服务请求
5:否则
6:根据找到的路径路由 R_i
7:如果路径包括无线边缘
8:根据边缘权重 W_{ij} 在无线层网络中进行路由请求
9:结束
10:如果路径包括 RoF 边缘和频谱边缘
11:使用基于所选频谱和 RoF 边权重 W_{ij}^{O}、W_{ij}^{T} 的相应路由和频谱分配来设置新 SP
12:结束
13:更新 C-RoFN 状态和边权重 W_{ij}^{R}、W_{ij}^{T}、W_{ij}^{O}
14:结束
15:请求终止时删除所有路径
16:更新 C-RoFN 状态和边权重 W_{ij}^{R}、W_{ij}^{T}、W_{ij}^{O}

图 9-28　资源集成供应方案伪代码

由于网络规模的发展,超大型网络被分为多个域进行操作和维护,因为控制信令风暴将不可避免地对单个控制器的性能提出较高的要求。具有多个控制器的 MDRI 架构可以处理多域网络的信息。在这种情况下,辅助图也可以分成多个域来分别维护相应控制器。实际上,当网络是大规模时才可以执行图上的计算。在一个控制器中执行具有单域辅助图的域内路径计算时,应该使用寻址域间算法(例如 BRPC)来计算稀疏路径。因此,该方案具有多域大规模网络的可扩展性。

9.6.3　网络性能验证

为了评估架构的可行性,我们在软件定义的 C-RoFN 的测试平台上建立了一个 EON,如图 9-29 所示。在数据层上,我们采用了两个模拟 RoF 强度调制器和检测模块,并由工作在 40 GHz 频率的微波源驱动产生双边带。4 个流量的开启使得弹性 ROADM 节点在 EON 中配备 Fisiar BV WSSS。根据 API,我们使用开放式 vSwitch(OVS)作为软件 OFP 的代理,去控制硬件和控制器与无线以及光节点的交互。此外,OFP 代理被用来模拟数据层中的其他节点,从而支持 OFP 的 MDRI。

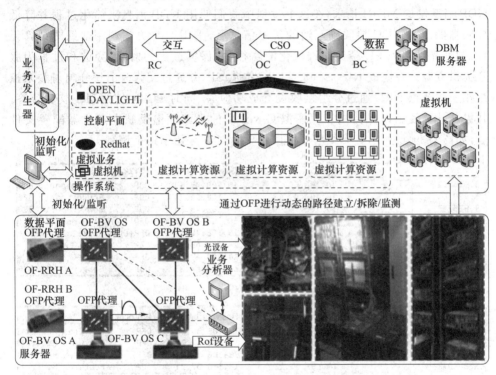

图 9-29　实验测试平台和演示器设置

PU 和 OFP 代理是在 VMware ESXi V5.1 创建的虚拟机阵列上实现的,VMware ESXi V5.1 运行在 IBM X3650 服务器上。虚拟操作系统技术让建立大规模扩展实验拓扑变得简单易行。在基于 OpenFlow 的 MDRI 控制层,OC 服务器被用来支持我们提出的体系结构,并以 MDRI 控制、网络虚拟化和 PCE 策略 3 个虚拟机作为插件进行部署,RC 服务器作为射频资源监控和分配。PC 服务器被部署为 CSO 代理用以监控 PU 的计算资源。每个控制器服务器控制相应的资源,而数据库服务器则负责维护流量工程数据库（TED）、连接状态和数据库配置。我们部署了与 RC 相关的服务信息生成器并且实现了批量 C-RoFN 服务的实验。

基于测试平台，我们设计和验证了 MDRI 在 C-RoFN 中的服务，实验结果如图 9-30 所示。图 9-30(a) 和图 9-30(b) 通过部署在 OC 和 RC 中的 Wireshark 捕获并展示了使用 OFP 的 MDRI 信令过程。为了简化本方案，现有的 OpenFLASH 消息具有原来的功能。定义 C-RoFN 的新消息类型将有助于支持我们未来研究中的新功能。如图 9-30(a) 和图 9-30(b) 所示，10.108.67.21、10.108.50.74 和 10.108.49.14 分别表示 RC、PC 和 OC 的 IP 地址，而 10.108.49.23 和 10.108.49.24 分别表示相关的 OF-BVOS 的 IP 地址。特征请求消息负责通过定期查询 BVOS 来监视当前状态。OC 通过特征回复从 BVOS 获取信息。当服务请求到达时，RC 通过 UDP 消息发送 MDRI 请求，在这个过程中我们使用 UDP 消息来简化过程并降低控制器的压力。OC 接收到互通的资源信息后，采用 RIP 方案利用辅助图计算无线、弹性光网络和 PU 资源多维优化的路径，并保留最优的射频、频谱和过程为服务提供资源。在完成 RIP 后，OC 和 RC 提供 SP，并通过流修改消息分配射频来控制相应的节点。RC 通过分组接收设置成功应答，同时 PC 响应 MDRI 成功应答，并更新计算使用以保持同步。模拟 C-RoFN 的光路频谱反映在过滤器配置文件上，如图 9-30(c) 所示。无线信号可以用 MDRI 在频谱信道上调制。

Time		Source	Destination	Protocol	Info
3.916892	RC	10.108.67.21	10.108.49.14	UDP	Source port: 888
3.920388		10.108.49.14	10.108.50.74	UDP	Source port: 396
3.920743	PC	10.108.50.74	10.108.49.14	UDP	Source port: 888
3.923749	OC	10.108.49.14	10.108.49.23	OFP	Flow Mod (CSM) (
3.928297		10.108.49.23	10.108.49.14	OFP+Ethe	Packet In (AM) (
3.928581	OF-BVOSs	10.108.49.14	10.108.49.24	OFP	Flow Mod (CSM) (
3.931481		10.108.49.24	10.108.49.14	OFP+Ethe	Packet In (AM) (
3.936094		10.108.49.14	10.108.67.21	UDP	Source port: 336

(a) OC捕获

Time		Source	Destination	Protocol	Info
2.584902	RC	10.108.67.21	10.108.50.21	OFP	Features Request
2.586159		10.108.50.21	10.108.67.21	OFP	Features Reply (
3.881411		10.108.67.21	10.108.51.22	OFP	Features Request
3.882972		10.108.51.22	10.108.67.21	OFP	Features Reply
3.903912	PC	10.108.67.21	10.108.50.74	UDP	Source port: 446
3.905913		10.108.50.74	10.108.67.21	UDP	Source port: 888
3.912796		10.108.51.22	10.108.67.21	OFP+Ethe	Packet In (AM) (
3.936589	OC	10.108.49.14	10.108.67.21	UDP	Source port: 888
3.937871		10.108.67.21	10.108.50.74	UDP	Source port: 513
3.937951		10.108.67.21	10.108.50.21	OFP	Flow Mod (CSM) (
3.939543	OF-Antenna	10.108.67.21	10.108.51.22	OFP	Flow Mod (CSM) (
3.941676		10.108.50.21	10.108.67.21	OFP+Ethe	Packet In (AM) (
3.942399		10.108.51.22	10.108.67.21	OFP+Ethe	Packet In (AM) (

(b) RC捕获

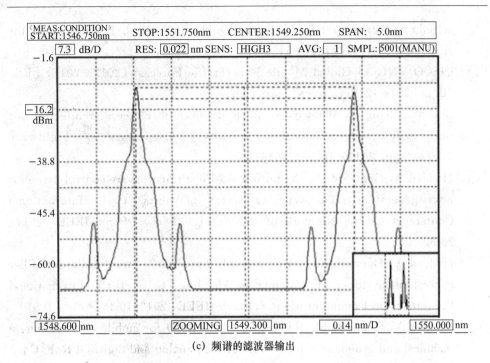

（c）频谱的滤波器输出

图 9-30　MDRI 的消息序列的 Wireshark 捕获

9.7　本 章 小 结

本章针对光与无线网络资源优化的机理进行了多个方面的研究,设计了光与无线网络跨层优化算法,实现了面向虚拟异构光与无线网络的时频资源联合优化,在软件定义光网络的基础上提出了移动核心网动态流量光层资源分配方案,设计了面向节能的光与无线网络动态带宽优化机制,重点研究了基于网络功能虚拟化的光与无线网络多层资源优化方案,最后研究了面向光与无线网络业务的多维资源聚合实验演示。本章针对光与无线网络资源优化的有效性和可靠性进行了仿真分析,提出的算法能够有效地提高网络的可靠性和有效性。数值结果表明,所提出的多种资源分配方案可以最大限度地提高无线覆盖范围,并且对端到端业务需求具有更高的响应能力。

9.8　本 章 参 考 文 献

[1]　Radio N,Zhang Y,Tatipamula M,et al. Next-generation applications on

cellular networks: trends, challenges, and solutions[J]. Proceedings of the IEEE, 2012, 100(4):841-854.

[2] CISCO VNI, 14 Global Mobile Data Traffic Forecast (2012—2017) [EB/OL]. [2019-12-15]. www. cisco. com.

[3] Zhu M, Zhang L, Wang J, et al. Radio-over-fiber access architecture for integrated broadband wireless services [J]. Journal of Lightwave Technology, 2013, 31(23):3614-3620.

[4] Haddad A, Gagnaire M, Doumith E A. Impairment-aware control plane for next generation radio-over-fiber access networks [C]// International Conference on the Network of the Future (NoF). Paris: IEEE, 2011: 28-30.

[5] Haddad A, Doumith E A, Gagnaire M. Impairment-aware radio-over-fiber control plane for LTE antenna backhauling [C]// IEEE International Conference on Communications. Ottawa: IEEE, 2012:10-15.

[6] Haddad A, Gagnaire M. Radio-over-fiber (RoF) for mobile backhauling: a technical and economic comparison between analog and digitized RoF[C]// International Conference on Optical Network Design and Modeling. Stockholm: IEEE, 2014:19-22.

[7] Kanesan T, Ng W P, Ghassemlooy Z, et al. Experimental demonstration of the compensation of nonlinear propagation in a LTE RoF system with a directly modulated laser [C]// IEEE International Conference on Communications. Budapest: IEEE, 2013:9-13.

[8] Li J Q, Fan Y T, Chen H, et al. Performance analysis of WLAN medium access control protocols in simulcast radio-over-fiber-based distributed antenna systems[J]. China Communications, 2014, 11(5):37-48.

[9] Ericsson, Huawei, NEC, et al. Common public radio interface (cpri) specification v4. 0: interface specification [EB/OL]. [2019-12-15]. http://www. cpri. info.

[10] OBSAI. Reference point 3 specification [EB/OL]. [2019-12-15]. http://www. obsai. org.

[11] Chen M, Qian Y, Hao Y, et al. Data-driven computing and caching in 5G networks: architecture and delay analysis [J]. IEEE Wireless Communications, 2018, 25(1):70-75.

[12] Foukas X, Patounas G, Elmokashfi A, et al. Network slicing in 5G: survey and challenges[J]. IEEE Communications Magazine, 2017, 55(5): 94-100.

[13] Liu D T，Wang L F，Chen Y，et al. User association in 5G networks：a survey and an outlook[J]. IEEE Communications Surveys & Tutorials，2016,2(18):1018-1044.

[14] Utkovski Z，Simeone O，Dimitrova T，et al. Random access in C-RAN for user activity detection with limited-capacity fronthaul[J]. IEEE Signal Processing Letters，2017，24(1):17-21.

[15] Yang H，Wang B，Yao Q，et al. Efficient hybrid multi-faults location based on hopfield neural network in 5G coexisting radio and optical wireless networks[J]. IEEE Transactions on Cognitive Communications and Networking，2019，5(4)：1218-1228.

[16] Yang H，Zhang J. Data center optical interconnect with software defined networking (invited)[J]. Journal of Internet Technology，2016，17(7)：1461-1469.

[17] Yao Q Y，Yang H，Zhu R J，et al. Core，mode，and spectrum assignment based on machine learning in space division multiplexing elastic optical networks[J]. IEEE Access，2018(6)：15898-15907.

[18] Yang H，Zhang J，Zhao Y，et al. Experimental demonstration of time-aware software defined networking for OpenFlow-based intra-datacenter optical interconnection networks[J]. Optical Fiber Technology，2014，20(3)：169-176.